미하일 칼라시니코프 추모

AK소총의 발자취

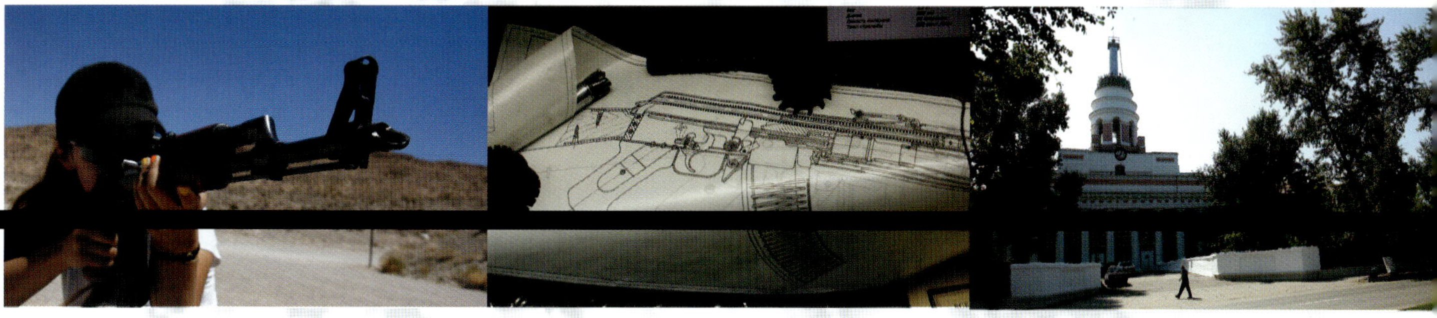

Калашников

추모 : 미하일 칼라시니코프

Text : Satoshi Matsuo
Photo : Sasagawa Hideo

2009년11월11일, 러시아 이제프스크 오페라극장. 칼라시니코프 90주년식전.

러시아의 총기 설계자 미하일 티모페예비치 칼라시니코프(Mikhail Timofeyevich Kalashinikov) 중장은 2013년 12월 23일에 러시아 중부 우드무르트 공화국 이제프스크 시내의 병원에서 사망했다. 심장병을 얻은 칼라시니코프는 입원과 퇴원을 반복했지만 11월 17일에 입원한 뒤 위 출혈로 인해 결국 유명을 달리했다. 향년 94세. 천수를 누린 셈이다.

미하일 티모페예비치 칼라시니코프, 즉 미하일 칼라시니코프가 1946년에 개발한 돌격소총은 소비에트 사회주의 연방공화국(소련) 군대에서 경합을 거쳐 채택된 뒤, 개량을 거쳐 1949년에 제식 소총인 AK(Avtomat Kalashinikova)로 채택된다. 곧 이것이 AK-47로 불리게 된다. 그 뒤 AK-47과 개량형인 AKM은 수많은 공산국가들에서 그대로, 혹은 카피 모델이 제식 소총으로 채택되었다. 또 AK의 기본 설계는 분대지원용 기관총, 다용도 기관총에도 응용되어 RPK, PK, PKM등의 다양한 모델을 낳게 된다. 경량 고속탄의 시대에 들어서도 AK는 AK-74, RPK-74등으로 변신해 살아남았으며 국가 체제가 바뀌어 러시아 연방이 된 오늘날에도 제식 소총의 자리를 유지하고 있다. 러시아 연방의 견착식 개인화기는 저격총과 특수 화기 일부를 제외하면 대부분이 칼라시니코프의 설계를 기초로 하고 있다.

칼라시니코프 소총은 단순한 구조를 통해 가혹한 환경에서도 높은 내구성을 자랑하며 생산성이 높아 군용 소총으로 아주 우수하다.

반면 칼라시니코프 소총은 원산국인 소련이나 한동안 사용했던 중국등이 국가 전략으로 중동지역이나 식민지에서 독립하려던 아시아-아프리카 각국의 민족주의 세력에 대량으로 공급해 여러 분쟁에 사용됐으며 이 중 일부는 무장 테러조직에도 보급되었다. 전 세계에는 지금까지 약 1억정의 AK소총이 보급된 것으로 알려졌으며 이 때문에 세계에서 가장 많은 사람의 목숨을 앗아간 총이라는 불명예도 안고 있다.

하지만 설계자 미하일 칼라시니코프는 조국 소련과 그 국민을 지키기 위해 AK를 개발했다. 전 세계의 분쟁에 이 총이 쓰이는 것에 그의 책임은 없다. 하지만 이 사실에 마음을 아파한 채 세상을 떠난 미하일 칼라시니코프에게 애도를 표하고 싶다.

군사 저널리스트 사사가와 히데오 씨는 러시아 이제프스크 시를 여러 차례 방문해 칼라시니코프와 만나 그 모습을 카메라에 담았다. 여기서 그 모습의 일부를 소개하고 싶다. 엄격한 모습뿐 아니라 웃는 모습도 있어 고 미하일 칼라시니코프의 인간미를 느낄 수 있는 점이 다행이다.

이제프스크 교외 인공 호수 근처의 고급 별장지에 있는 칼라시니코프의 별장

2007년 ROST 회장 정문에서. 왼쪽은 이즈매쉬 CEO, 오른쪽은 우드무르트 공화국 공업 장관

왼쪽부터 친구 안톤, 손자 이고르. 오른쪽은 친구 예카테리나. 예카테리나의 할아버지는 총기 엔지니어 칼라시니코프와 함께 일했다.

2004년 11월 13일 시내 자택 아파트에서

2006년 7월

2004년 11월 11일 탄생 85주년 기념 오페라 당시 연설 모습

85세 생일 당시 지인의 집에서 열린 홈 파티에 등장한 생일 케이크.
초콜릿으로 만든 AK 소총 장식이 올려져 있다.

AK 소총 모양 초콜릿을 받고 기뻐하는 칼라시니코프

2004년 11월 9일 이제프스크 공업 대학 명예 박사 학위 (총기 디자인학과) 수훈식.

오른쪽은 우드무르트 공화국 대통령

왼쪽은 우드무르크 공화국의 러시아 정교 주교, 칼라시니코프 박물관 개막식에서 기도를 진행했다.

2004년 11월 9일 이제프스크 공업 대학 명예 박사 학위 수여식.

2004년 11월 9일 이제프스크 공업 대학 명예 박사 학위 수여식.

왼쪽은 러시아 육군 장군, 오른쪽은 아들 빅토르 칼라시니코프

추도 미하일 칼라시니코프

2004년 11월 11일 탄생 85주년 기념 오페라

2004년 11월 9일 이제프스크 공업 대학 명예 박사 학위 수훈식.

왼쪽은 미국인 총기 수집가 맥코믹, 중앙은 손자 이고르.

별장에서 휴식 중인 칼라시니코프

AVTOMAT KALASHNIKOVA

AK-47에서
AK-12까지

기본 바리에이션

Satoshi Matsuo

AK-47 Type 1

1948년, AK-47의 최종 시제품이 완성되었고 이것이 제식화되어 대량생산이 이뤄진 뒤 소련군 병사들의 손에 넘겨진 것은 1949년부터의 일이다. 이 때 납품된 최초 모델을 AK-47 타입 1으로 분류한다. 이것은 어디까지나 편의상 붙인 명칭이지 소련군 정식 명칭

(사진은 AK-47 Type 2)

Type 2의 사진은 드물다. 소련제 오리지널 AK-47로 현존하는 것은 대부분이 Type 3이다.

은 아니다. 본체 어디에도 AK-47이라는 각인도 없다. AK-47은 타입 1부터 3까지 있지만 모두가 나중에 붙여진 분류다.

타입 1은 리시버(몸통)가 철판을 프레스 가공해 생산된 것이 최대의 특징이다. 독일군의 StG-44, MP40등에 큰 충격을 받은 소련은 이들 독일제 총기와 마찬가지로 프레스 가공을 통해 높은 생산성을 가진 총을 만들기로 작정했다. 그래서 AK-47에도 처음에는 프레스 가공으로 리시버를 만들고 강도가 부

족한 부분에는 강철 부품을 용접하거나 리벳으로 장착했다. 총열을 붙잡는 부분은 강철을 깎아 만든 트러니온 블록을 리벳으로 고정했고 이 트러니온 블록에 노리쇠가 맞물리는 홈을 깎았다. 총열은 이 블록에 직접 나사홈을 파서 고정했다.

일반 병사용으로 준비된 고정식 개머리판 모델은 개머리판, 권총손잡이, 총열덮개, 윗덮개가 모두 단단한 너도밤나무 재목으로 만들어졌으며 개머리판은 리시버 뒤쪽에 프레스 가공으로 만든 금속 부품을 이용해 두 개의 나사로 고정된다. 권총손잡이는 투피스 구조로, 방아쇠 울이 달린 금속 부품을 통해 리시버에 고정된다. 타입 1은 대검 장착을 아예 고려하지 않아 착검장치도 없다.

AK47은 보병용 소총의 소형화와 화력 증대를 동시에 노리고 개발됐지만 더 크기를 줄이기 위해 접절식 개머리판(폴딩 스톡) 모델도 거의 동시에 개발됐다. 사실상 독일의 MP38, MP40처럼 아래쪽으로 회전해 접히는 방식이 거의 그대로 채용됐다. 2개의 금속 막대가 철제 버트플레이트(어깨받이)를 지탱하는 형

AK-47

식이다. 다만 긴 리시버를 가진 독일의 MP38/40과 달리 탄창이 방아쇠 바로 앞에 설치된 구조이기 때문에 버트플레이트 위를 크게 U자형으로 자르는 등의 변화는 있었다. 이런 형태를 '러시안 패턴'이라고 부르며 독일의 디자인과 구분하기도 한다.

하지만 회전 접절식 개머리판은 권총손잡이를 잡은 상태에서는 개머리판을 접고 펼 수 없는 단점이 있다. 접절식 개머리판 장착 모델은 AK의 뒤에 S가 붙어 AKS라고 불린다.

S는 Skladyvayushchimsyaprikladom, 즉 접절식 개머리판의 러시아어 약자다. 이 접절식 개머리판을 고정하는 부속은 프레스 가공 리시버에서는 리벳으로 고정되어있다.

AK 타입1은 50만에서 100만정 사이가 제작된 것으로 알려졌다. 하지만 생산성을 높이려 독일과 같은 프레스 가공을 채택하기는 했어도 소련의 생산기술은 이 때만 해도 아직 완전하지 않았다. 반면 독일은 2차 대전중에 세계 최고의 프레스 기술을 자랑했다. 아무래도 똑같은 물건을 만들 기술력이 없다보니 초기의 프레스 가공 리시버는 실전부대에서 문제가 많았다. 오랜 사격의 충격으로 리시버에 금이 간다거나 리벳의 강도가 부족한 문제등이 발생한 것이다. 게다가 생산 단가는 절삭 가공 방식보다 오히려 높아지는 문제까지 발생했다.

AK-47 타입 2

프레스 가공 리시버의 문제를 포함해 타입 1에 있던 문제점을 개량한 것이 타입 2이다. 타입 1이 생산된 것이 1949년부터 1953년의 일로, 실전부대에서 보내온 문제점을 기초로 칼라시니코프와 그가 이끄는 기술자들이 설계 변경과 시제품 제작을 거듭한 끝에 타입 2를 완성시켰다. 가장 큰 변화는 리시버가 철판 프레스가 아니라 절삭가공, 즉 쇠를 깎아 만드는 것으로 바뀌었다는 것이다. 때문에 리시버의 강도가 크게 높아졌고 제조 공법이 바뀌면서 리시버 측면에 있던 리벳도 사라졌다. 노리쇠가 맞물리는 홈도 리시버에 직접 파였고 총열도 리시버에 직접 끼워지는 방식이 되었다.

리시버 측면, 탄창 삽입구 윗부분에는 좌우 모두 크게 사각형으로 파인 부분이 있다. 이것은 무게를 줄이는 동시에 어두운 곳에서 탄창 삽입구의 위치를 더듬어서 찾기 쉽게 하려는 것이었다.
개머리판의 고정 방식도 바뀌었다. 개머리판 끝부분에 돌기가 있어 리시버의 홈에 이것을 끼운 뒤 위아래에서 두개의 나사로 고정하는 방식이 되었다. 여기에 맞춰 리시버 뒤의 형태도 쐐기 모양으로 바뀌었다. 개머리판의 흔들림을 막으려는 목적이었으나 실제로는 큰 효과가 없었다.
개머리판은 여전히 너도밤나무 그대로이지만 권총손잡이가 합판으로 바뀌었다. 또 권총손잡이는 투피스에서 원피스 타입으로 바뀌었고 고정 방식도 아래로부터 긴 볼트로 리시버에 고정되는 방식으로 바뀌었다. 접절식 모델에서는 리시버 뒤를 3개의 리벳으로 막은 뒤 러시아식 접절식 개머리판의 회전축이 리시버 뒤에 큼지막하게 장착되었다.
또 총열 끝에 착검장치가 장착되어 대검 착검이 가능해졌다. 또 탄창도 측면에 여러 개의 돌기가 추가되어 내구성이 높아졌다.

AK-47 타입 3

타입 2는 1953년에 나왔지만 그 해 연말에 벌써 개량형인 타입 3이 등장한다. 생산성과 수명 연장을 동시에 노린 개량형이었다. 개머리판은 블록 형태의 고정부품을 이용하는 방식을 버리고 리시버 뒤에 직접

(AK-47 Type 2)

장착하는 방식으로 바뀌었다. 이를 위한 고정쇠가 리시버 뒤에 아래위로 뻗어있다. 고정 방법은 위에서 한개, 아래에서 두 개의 나사를 이용하는 아주 평범한 방식이다.

너도밤나무의 합판을 이용하는 개머리판은 타입 3에서부터 도입됐다. 총열덮개와 윗덮개도 같은 소재다. 권총 손잡이는 여전히 일반 합판이다.

뒤쪽의 멜빵고리는 타입 2까지는 개머리판 아래에 있었지만 타입 3부터는 리시버 왼쪽으로 옮겨졌다. 앞쪽 멜빵고리도 타입 2는 총열덮개의 앞 왼쪽에 있었으나 타입 3은 그보다 앞의 가스블록 부분으로 이동했다.

타입 2에서 추가된 리시버 측면의 홈은 타입 3에서 모양이 약간 바뀌었다. 타입 2는 총에 대해 수평 방향으로 파였지만 타입 3은 리시버 아래의 라인에 맞춰 약간의 각도가 주어졌다.

또 타입 3에서는 본체 무게가 약 500g정도 줄었다. 이것은 주로 리시버 앞부분의 절삭 형태가 바뀌었기 때문이다. 리시버는 가벼워졌지만 강도는 오히려 높아졌고 정밀도 역시 아주 약간 높아졌다고 한다. 하지만 절삭 가공이 늘어난 만큼 생산 단가는 결코 싸지 않았다. AK-47은 이 때문에 정식 양산이 시작된 지 10년 뒤인 1959년에 소련에서의 생산이 끝났다. 그러는 사이에 바르샤바 조약기구 가맹국 및 중국등의 공산주의 국가, 혹은 공산주의 세력들에 널리 수출되었다. 이 때문에 AK-47이라고 불리는 총의 대부분은 이 타입 3이다. 타입 3부터 AK-47이 전 세계에

AKM

퍼진 것이다.

AKM

프레스 가공으로 생산 단가를 낮춘다는 것은 AK-47이 개발될 초기부터 잡은 목표였기 때문에 1954년부터 리시버를 프레스로 만든 신형 돌격소총 개발이 다시 시작됐다. 그 사이에 소련의 프레스 가공 기술도 크게 높아져 총의 리시버를 만드는데도 문제가 없게 됐다. 또 이 과정에서 소련은 AK소총용의 7.62×39mm M43탄약을 사용하는 총들의 기본 부속을 통일하려고 했다. 돌격소총을 기준으로 경기관총까지 주요 부품과 조작성을 통일하려 한 것이다.

소련 각지의 조병창에 부속된 설계국들은 AK-47의 후속 모델을 노리고 움직이기 시작했다. 여기에서 승리하면 돌격소총은 물론 경기관총까지 납품할 수 있기 때문이다.

알렉산더 콘스탄티노프(Alexander Konstantinov)는 1955년에 2B-A-30, 1957년에 개량형인 2B-A-40을 내놓았다. 특히 A-40은 무게가 2.5kg에 불과

했다.
툴라 조병창에 소속된 게르만 A. 코로보프(German A. Korobov)는 자동 사격시의 콘트롤을 개선한 TKB-517을 1955년에 개발했다.
하지만 소련군은 결국 칼라시니코프가 이끄는 개발팀이 만든 AK의 현대화 모델, AKM(Avtomat Kalashinikova Modernizirovannia)를 선택했다.
AKM의 리시버 재료는 두께 1mm의 강철판이다. 이것을 U자형으로 찍어 리시버를 만든다. 당연히 리시버 측면의 리벳 가공도 부활했지만 강도가 크게 높아졌다. 리시버 커버는 AK-47보다 얇아졌지만 옆 방향으로 돌기를 만들어 내구성을 확보했다.
AK-47의 무게는 4.3kg이었지만 AKM은 프레스 가공 리시버 덕분에 3.29kg으로 약 1kg정도 가벼워졌다. 이 때문에 자동 사격시에 반동 콘트롤이 어려워질 것을 우려한 설계팀은 개머리판의 어깨받이가 최대한 총열의 축선에 가깝게 위치하도록 했다. 흔히 말하는 스트레이트 스톡 디자인을 도입한 것이다.
개머리판의 장착방법도 또 바뀌었다. 리시버에 달린 고정쇠는 윗부분에만 달려있고 개머리판 앞부분은 리시버 뒷부분에 깊숙이 박히게 되었다. 또 총구가

들리는 것을 최대한 억제하기 위해 총열덮개 양 옆을 살짝 부풀게 해 더 단단히 잡을 수 있게 했다.

초기의 AKM에는 없었지만 1960년경에 오른쪽으로 비스듬하게 자른 길이 34.3mm의 슬랜트 컷 머즐 컴펜세이터(경사 절단형 총구 제동기)가 추가되었다. 이것 덕분에 총구에서 나온 발사 가스가 오른쪽 위로 분출되어 총구의 들림을 어느 정도 억제한다.

AK-47의 가스튜브에는 양 옆에 각각 두시 방향과 열시 방향으로 각 4개의 가스 분출구가 뚫려있다. AKM은 여기를 덮개로 덮어뒀다. 이 구멍들로부터 모래같은 장애물이 들어가 가스피스톤의 움직임을 방해할 가능성이 있었기 때문이다.

AK-47의 총열은 리시버에 파인 나사홈에 끼워졌지만 AKM은 나사홈 없이 그냥 총열을 밀어넣은 뒤 핀으로 고정해 생산성을 높였다. 또 총열 가공 방식도 바뀌어 같은 탄약을 써도 AK-47보다 탄속이 약간 높아졌다. 이 때문에 탄젠트형 가늠자에는 최대 조준거리가 AK-47의 800m보다 늘어난 1,000m가 각인됐다.

노리쇠와 노리쇠 뭉치는 AK-47이 크롬 도금이 되어있고 AKM도 검은색 산화피막으로 코팅됐다. 이것은 공산권의 군용탄 뇌관에 1970년대까지 뇌산 수은이 함유되어 부식성이 높았기 때문이다.

따라서 사격 후에는 총강(총열 안쪽), 노리쇠 앞부분, 가스 튜브등의 청소가 필수적이었다. 노리쇠뭉치의 길이는 345mm, 노리쇠는 79.2mm로 AK-47과 AKM의 길이가 같지만 완충스프링 가이드는 AKM쪽이 훨씬 단순해졌다.

AK-47은 2중의 신축식 완충스프링 가이드를 썼지만 AKM은 와이어를 휘어 만든 단순한 것이다. 허약해 보이지만 내구성은 의외로 좋다.

AK-47에 있던 탄창 삽입구 위의 커다란 사각형 홈은 AKM에서 타원형의 작은 홈으로 바뀌었다. 이것도 리시버 양쪽에 있어 어두운 곳에서도 탄창 꽂을 위치를 쉽게 찾을 수 있게 했다.

AKM의 방아쇠 기구에는 해머 리타더(Hammer retarder)라는 부속이 끼워져 있다. 이것은 해머가 전진하는 타이밍을 늦추지만 완전자동 사격시의 발사속도를 낮추려는 것은 아니었다. AKM과 AK-47의 발사속도는 분당 약 600발로 거의 같다.

실은 이 기구가 조합된 이유는 발사속도 그 자체 때문이 아니라 공이가 뇌관을 때리는 타이밍을 조절하려는 것이었다.

공이가 뇌관을 때리는 타이밍이 지나치게 빠르면 품질이 나쁜 뇌관이 섞여있을 경우 불발이 일어날 가능

성이 있다. 이런 사태를 막기 위해 해머 리타더가 추가된 것이다.

AKM에는 원래 AK-47과 마찬가지로 철판 프레스제 탄창이 공급됐지만 적갈색 플라스틱제 탄창이 등장해 함께 쓰이게 되었다. 권총손잡이도 원래는 합판의 일체형 제품이었지만 도중에 적갈색 플라스틱 제품으로 바뀌었다.

후방 멜빵고리는 이번에는 개머리판 뒤쪽, 좌측면의 좀 아래쪽으로 옮겨졌다. AK-47 타입 3의 후방 멜빵고리가 쓰기 불편했기 때문인 듯 하다.

AKM의 등장에 맞춰 신형 M1959대검이 채택됐다. 칼날 길이가 200mm에서 150mm로 짧아졌고 칼날에는 네모난 구멍이 뚫렸다. 이 부분을 칼집과 결합하면 와이어 절단기로 쓸 수 있었다.

AKM은 1974년에 AK-74가 등장할 때까지 15년간 소련군 제식 소총으로서 양산이 계속됐다. AK-47은 속속 AKM으로 대체되었으며 대체된 AK-47은 후방부대나 바르샤바 조약기구 가맹국, 친소 국가들에 주어졌다.

그리고 AKM의 생산량이 늘어나자 이번에는 바르샤바 조약기구 국가나 친소 국가들은 물론 소련에 세력권을 넓히려고 하던 아랍 각국이나 아프리카, 아시아 지역의 반정부 세력들에도 뿌려졌다. 서방 세력에 대

AK-74

(사진은 AK-74M)

항하는 무장 세력들에 사실상 공짜로 뿌려진 것이 AK소총이 전 세계에 퍼진 계기였다.

AK-74

베트남 전쟁중 M14의 후계로 등장한 미국의 M16A1은 소련의 흥미를 자극했다. 소구경 고속탄인 5.56x45mm는 쏘기 쉬웠고 특히 완전자동 사격시의 콘트롤이 쉬웠다. 또 그로 인해 자동 사격시의 명중 가능성도 높아진데다 병사의 탄약 휴대량도 늘었고 총 자체가 더 작고 가벼워진다는 장점까지 있었다. 이것은 소련이 2차 대전 이후 줄곧 잡은 보병화기 개발의 목표를 한층 더 발전시킨 것이었다.

이 때문에 NATO를 포함한 서방 국가들이 여러가지 이유로 인해 당장 미국의 뒤를 따르지 않은 반면 소련이 발빠르게 움직였다.

소련은 곧바로 미국의 5.56mm탄약과 비슷한 컨셉의 소구경 경량 고속탄의 개발을 시작했고 그 결과 완성된 것이 5.45x39mm M74탄약(7N6)이다.

이렇게 신형탄을 개발한 소련은 1970년대 초반에 몇 가지 신형 소총을 개발했다. 시모노프는 AG-35라는 시제품을 개발했고 코블로프 설계국은 알렉산더 콘스탄티노브가 설계한 CA-006을 제시했다. 하지만 소련 당국은 총 자체를 전혀 다른 것으로 바꾸면 그

자체도 물론이고 병사 훈련에까지 추가 비용이 발생할 것을 우려해 기존의 AKM을 신형 탄약에 맞게 개량해서 채용하기로 했다. 그것이 바로 AK-74이다.
소련에게 다행인 것은 AKM을 소구경탄에 맞게 개조해도 큰 문제가 없다는 것이었다.
과거에 서방의 주력 소총이던 FAL과 G3 모두 약실 압력이 급속도로 높아지는 5.56×45mm탄을 채택하는 변형이 등장하자 문제가 있었다. 기계적으로 문제가 없는 것이 칼라시니코프 설계가 오래 버틸 수 있는 중요한 이유였다.
완성된 AK-74와 AKM의 차이점은 가스블록, 총열, 소염제퇴기(머즐 브레이크), 노리쇠, 노리쇠뭉치, 갈퀴, 탄창, 방아쇠, 개머리판이다.
특히 가스블록 형태의 차이는 7.62×39mm탄과 5.45×39mm탄의 차이를 보여준다.
AK-47, AKM의 가스블록은 옆에서 보면 알 수 있지만 부드러운 곡선을 그린다. 반면 AK-74의 가스블록은 분명히 각진 디자인으로 만들어졌다.
5.45×39mm탄은 5.56x45mm탄과 마찬가지로 순간적으로 압력이 높아지므로 노리쇠가 빨리 개방되면 탄피가 찢어지는 사고가 날 수 있었다. 칼라시니코프는 가스 블록의 형태를 바꿔 가스의 흐름이 노리쇠를 너무 빨리 후퇴시키지 않게 신경썼다.
AK-74의 총구에 달린 소염제퇴기에는 상당한 기능

이 요구됐다. 총구의 들림만 낮추는 것이 아니라 반동 자체를 줄이는 것이 요구됐기 때문이다. 소염제퇴기는 앞뒤 두개의 격실로 나뉘며 총구에서 나온 발사가스는 제퇴기의 첫 번째 격실에 들어간다. 여기에는 4시, 8시, 12시의 세 방향에 구멍이 뚫려있어 가스가 밖으로 분출된다. 그래도 밖으로 빠져나가지 않은 가스는 두 번째 격실에 들어간다.

이곳은 좌우에 커다란 구멍이 뚫려있으며 앞부분은 가운데에 구멍이 뚫린 원반형으로 되어있다. 발사 가스는 소염기 격실 좌우의 구멍으로 빠져나가면서 원반에도 충돌하기 때문에 가스의 일부가 원반에 부딪히면서 총구를 앞쪽으로 밀게 된다. 이처럼 가스의 흐름을 이용해 반동 자체를 줄이는 것이다.

탄창은 AKM까지는 많이 휜 것이 쓰였지만 AK-74는 비교적 덜 휘어있다. 이것은 기존의 7.62x39mm탄의 탄피에 심한 경사가 있었기 때문이다. 또 플라스틱제 탄창은 AK-74와 마찬가지로 적갈색이다.

개머리판 측면에는 상당히 긴 홈이 파여있다. 이것은 AK-74와 AKM의 외관상 차이가 적기 때문에 쉽게 어떤 총인지 알려주려는 것이다. 어둠 속에서도 개머리판을 만지면 식별이 가능하다.

접절식 개머리판을 갖춘 AKS-74도 있으나 AKM까지 쓰이던 아래로 접히는 방식이 아니라 삼각형의 철판 프레스제 개머리판이 리시버 뒤에 힌지(경첩)으로 고정되어 왼쪽으로 접히는 방식이 되었다.

종래의 접절식 개머리판(일명 러시안 패턴)은 빨리 접고 펴기가 힘든데다 권총손잡이에서 손을 떼어야 조작할 수 있다.

결국 AKS-74이후 AKM까지의 러시안 패턴 접절식 개머리판은 소련의 총기로부터 사라진다.

1979년에는 AKS-74를 더욱 짧게 한 AKS-74U가 등장한다. "U"는 ukorochennyi, 즉 짧게 했다는 뜻으로 8.26인치(약 21cm)의 짧은 총열과 대형 제퇴기를 갖추고 있다.

AK-74는 1979년에 소련이 아프가니스탄을 침공할 때 본격적으로 동원되었으며 서방측도 여기서 실물을 손에 넣었다. 덕분에 서방측은 이 총이 AKM의 소구경판이며 특별히 신기한 기능은 없다는 사실을 알 수 있었다.

▲ 안전장치 겸 조정간은 위에서 안전, 완전자동, 반자동. 이 위치 구성은 AK 시리즈 전체 공통(단 최신 모델인 AK-12는 다르다). 안전 위치에 있을 때 장전손잡이용 홈을 조정간 본체가 덮는 것으로 이물질이 약실에 침입할 가능성을 낮춘다.
독창적인 디자인이지만 문제가 없는 것은 아니다. 이 안전장치 디자인은 1906 년 레밍턴에서 출시된 M1908 (훗날의 Model 8)을 복제한 것이다.

AK-74M

1991년 12월, 소비에트 사회주의 공화국이 무너지고 러시아 연방이 수립됐다. 새로운 정부는 탈(脫)공산주의 노선을 걸었으며 이런 변화가 한창 벌어지던 와중인 1992년에 AK-74의 새로운 개량형인 AK-74M이 등장했다.

AK-74는 아프가니스탄에서 다양한 실전 테스트를 받았으며 그 과정에서 많은 예상치 못한 문제점이 드러났다. 5.45mm M74 탄약은 원거리에서 위력이 불충분했으며 이것 외에 발견된 단점으로는 2중 격실을 가진 소염제퇴기가 쉽게 더러워진다는 점, 합판으로 만든 총열덮개는 M74 탄약으로 자동사격을 하면 빨리 달아오르고 경우에 따라서는 잡기 힘들 정도가 되며 적갈색 탄창은 빛을 반사해 적에게 쉽게 발견된다는 점, 또 합판 목재로 만든 개머리판은 아프가니스탄의 건조하고 가혹한 기후 속에서 갈라지곤 한다는 점 등이었다.

1979년, 소련 당국은 칼라시니코프와는 다른 새로운 돌격소총을 선정하고자 움직였다.

AK는 이미 채용된지 30년이 지난 시점. 아무리 우수한 소총이라도 제1선 군용 소총으로서는 수명이 다 됐다고 여겨진 것도 자연스러운 일이었다.

신형 소총 프로젝트의 이름은 "아바칸" (Abakan)으로, 각 설계국들로부터 12종의 시제품이 제출되어 그 중 9종이 실제로 테스트를 받았다.

칼라시니코프의 아들인 빅토르 칼라시니코프가 설계한 AKB는 최종 후보 3개 안에 들었지만 결국 게나디 니콜라예비치 니코노프가 설계한 ASM이 높은 평가를 받아 1987년에 제식 채용됐다.

하지만 이미 말기 증상에 허덕이던 소련은 ASM을 새로운 제식소총인 아바칸으로서 대량생산해 배치할 여력이 없었다.

AK-74M은 어떤 의미로는 아바칸의 양산/배치가 이뤄질 때까지의 '땜빵' 에 불과했다. 신형 소염제퇴기는 모양이 기존형과 비슷하지만 타원형 구멍 네개와 커다란 네모 구멍 두 개가 뚫려있으며 기존형보다 오염이 적다. 개머리판, 총열덮개, 윗덮개등은 모두 폴리머 재질로 바뀌었으며 탄창도 빛을 반사하지 않는 검은색이 되었다.

사실 AK-74M자체는 1992년에 제품화됐지만 여기에 적용된 개량 몇가지(폴리머 총열덮개나 개머리판, 어두운 색의 탄창 등)는 이미 80년대에 등장해 아프가니스탄에도 일부 사용된 바 있다.

AK-74M은 기본형에서도 개머리판이 왼쪽으로 접힌다. AKS-74가 따로 필요없게 된 것이다.

문제의 M74탄약도 1993년에는 탄자 중량을 55그레인(3.56g)으로 늘린 7N10이 등장했다. 기존의 7N6은 52그레인(3.37g)이었다.

그 밖에 7N22(56.8그레인:3.68g)도 나왔지만 이 탄에서도 원거리에서의 위력부족이 충분히 해결되지는 않았다.

AK

CENTURY SERIES+AK-12

5.56 × 45mm 사양 AK101

5.56 × 45mm 사양 AK102

7.62 × 39mm 사양 AK103

AK-100

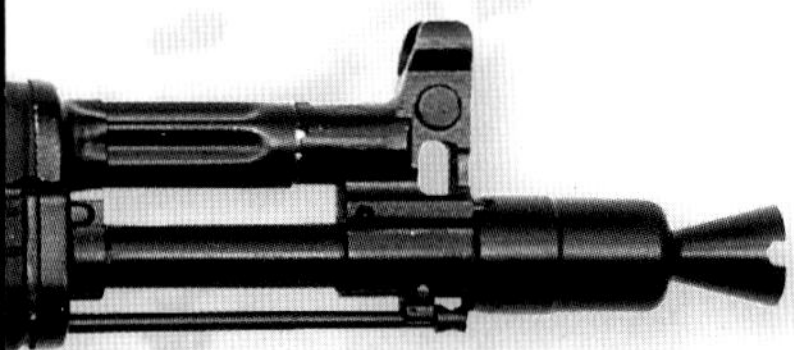

1979년에 시작된 아바칸 프로젝트는 종래의 AK-74와 비교해 유효탄(실제 적을 제압할 수 있는 탄)의 숫자를 1.5~2배 정도 늘리는 것을 목표로 진행됐다. 1987년에 채택이 결정된 ASM은 기본적으로 가스압 작동식이다. 하지만 고속 연사 모드를 선택하면 초탄 발사시 총열과 리시버(메인 컴포넌트)는 완충기를 압축하면서 캐리어 스톡이라고 불리는 외피 안쪽에서 발사 반동에 의한 후퇴를 시작한다.

이러면서 발사 가스의 일부를 이용, 가스피스톤이 작동해 노리쇠 및 노리쇠뭉치가 후퇴하며 탄피가 배출되고 해머(공이치기)가 뒤로 젖혀져 다음 탄이 장전된다. 메인 컴포넌트의 위치와 관계없이 이 모든 일련의 작동이 일어나 다음탄이 격발된다. 이렇게 발사되는 최초의 두 발은 만약 완전자동으로 계속 발사된다면 1,800발/분에 해당하는 엄청난 속도로 발사된다. 하지만 세 발째부터는 시어가 해머를 붙잡아 메인 컴포넌트가 완전히 전진할 때 까지 격발이 이뤄지지 않으므로 종래의 AK-74와 같은 600발/분의 발사속도로 발사된다.

이것은 총이 발사될 때 총구가 들리기 전에 두 발을 신속히 발사해 유효탄을 늘리려는 것이다. 이 구조는 BBSP(Blow-Back Shift Pulse)로 불리며 특히 고속 발사 모드는 매번 방아쇠를 당길 때마다 반복된다.

이 총은 결국 아바칸 AN-94라는 이름으로 러시아 연방군에 채택되어 납품이 시작되었다.

하지만 구조가 복잡한 점이 문제였다. AK가 전 세계에 널리 퍼져 사용되는 최대의 이유는 단순한 구조였다. 만들기도 쉽고 열악한 환경에서도 작동되는 확실성과 신뢰성이 높은 평가를 받았다.

반면 AN-94는 정 반대였다. 복잡하고 고장도 잦았다. 설계자 게나디 니콜라예비치 니코노프는 개량에 착수하지만 2003년에 스키장에서 사고로 목숨을 잃었다. 결국 AN-94는 방치된 것이나 다름없는 상태에 빠졌다. 소수가 러시아군에 납품되었지만 그나마도 일찌감치 납품이 중지됐다.

시대를 조금 거슬러 올라가자. 1960년대에는 별도의 프로젝트가 진행됐다.

이것도 아바칸 프로젝트와 마찬가지로 유효탄이 나올 확률을 높이려는 것으로 TsNIITochmash(테니시 퇴마쉬)로 불리는 특수병기 개발 전문 연구소가 주도했다. 이것은 밸런스드 액션이라 불리는 것으로, 이즈메쉬의 기술자중 한 명인 유리 알렉산드로프(Yuri Alexandrov)가 1972년에 AL-7이라는 시제품을 완성한 것이 시초였다.

AL은 Avtomat Lehkly, 즉 '경량 돌격소총'이라는 말의 약자다. 발사시의 진동을 줄이면 자동 사격시의 유효탄은 늘어난다. 그 방법으로 가스 피스톤에 의해 노리쇠 및 노리쇠뭉치가 후퇴할 때 같은 무게를 가진 무게추를 앞으로 전진시킨다. 즉 발사와 동시에 노리쇠가 앞뒤로 동시에 움직이는 것과 같은 셈인데, 이 방법으로 진동을 최소한으로 줄이려 했다.

하지만 당시 소련군은 AL-7에 냉담했다. AK-74의 개발이 진행중인 것도 AL-7이 채용되지 못한 중요한 이유 중 하나였을 것이다. AK-74는 AKM에 비해 자동 사격이 훨씬 쉽다. 이런 상황에서 앞뒤로 동시에 움직이는 복잡한 기관부를 가진 AL-7은 '후속연구' 수준의 취급만 받았다.

소련이 무너지고 러시아 연방이 수립되자 시장경제가 도입되고 정부 조병창은 민영화되거나 해체됐다. 칼라시니코프 소총의 주력 생산기지이던 이제프스크 조병창도 민간 기업인 이즈매쉬로 바뀌었다.

소련이 러시아로 바뀐 직후 경제는 심한 침체를 겪었다. 국영기업이 갑자기 민간 기업으로 변한 뒤 정부의 보호도 없이 세계 시장에 뛰어들면 제대로 경쟁이 될 턱이 없다. 소련의 공업제품은 서방측에 비해 경쟁력이 매우 낮았다. 러시아의 상품들 중 유일하게 국제 경쟁력이 있던 것은 무기였다. 이즈매쉬도 AK-74M을 신세대 AK소총으로 홍보하며 세계 시장에 수출하기 시작했다.

AK-74M의 바리에이션은 '센츄리 시리즈'라는 이름을 달고 모두 접절식 개머리판을 기본 사양으로 삼았다. AK101은 AK-74M의 5.56×45mm 모델로 415mm의 총열과 완전자동 기능을 넣었다. 바리에이션으로는 반자동만 가능한 AK101-1, 3점사 기능의 AK101-2가 있다. 또 315mm총열의 AK102도 있다. AK103은 7.62×39mm규격의 현대판 AKM이다. 총열은 415mm이며 이것도 반자동의 AK103-1, 3점사의 AK103-2, 315mm총열을 가진 AK104가 있다. AK105는 AK-74M에 315mm총열을 장착한 것이고 역시나 반자동 전용인 AK105-1, 3점사 모델인 AK105-2가 있다. 이처럼 5.56×45mm라는 NATO사양과 해외에서 많이 쓰이는 7.62×39mm 모델을 포함시켜 다양한 수요에 대응, 전 세계에 AK를 팔겠다는 것이 이즈매쉬의 분명한 방침이었다.

이즈매쉬는 더 나아가 유리 알렉산드로프의 밸런스드 액션을 AK100시리즈에 적용해 5.45mm 버전을 AK107, 5.56mm 버전을 AK108로 이름붙여 팔았다. 상품화할 수 있는 것은 모조리 팔겠다는 욕심이었다.

하지만 민간기업 이즈매쉬의 전략이 늘 성공한 것은 아니었다. 공산주의 시절의 소련은 바르샤바 조약기구의 회원국들이 직접 AK소총을 만들도록 장려했다. 다른 사회주의 국가나 공산 혁명을 갓 일으킨 국가, 독립을 갓 쟁취한 나라들이 AK를 모방 생산하는 것도 완전히 묵인했다. 소련이 무너지자 동시에 많은 사회주의 국가들이 무너져 시장 경제로 바뀌었고 그 중 AK를 생산하는 나라들은 이즈매쉬와 마찬가지로 AK를 팔기 시작했다. 이것들도 근본은 같은 AK인데다 시대의 흐름에 맞춰 개량을 한 만큼 AK100시리즈와 큰 차이가 없다. 다른 나라에는 없는 밸런스드 액션을 채택한 AK107과 108도 그다지 주목을 받지 못했다.

게다가 전 세계에는 수많은 돌격소총이 있다. 1950년대의 제1세대, 1980년대의 제2세대 돌격소총은 점점 교체 시기를 맞고 있으나 동서냉전이 끝나면서 국가 총력전이 과거의 이야기가 되자 돌격소총을 교체할 필요성도 크게 낮아졌다. 냉전 이후에 벌어진 분쟁은 비대칭 전쟁으로 불리며 여기에서 고성능 소화기의 중요성이 높아진 것은 사실이다. 하지만 옛날처럼 대량의 보병이 투입되는 것이 아니라 적은 숫자의 정예부대가 분쟁지역에 집중 투입되는 시대가 되었다. 생산성과 내구성을 최우선 순위에 둔 AK와는 추구하는 방향이 다른 셈이다.

7.62 × 39mm 사양 AK104

5.45 × 39mm 사양 AK105

▲이것이 AL-7을 발전시킨 밸런스드 액션 AK107

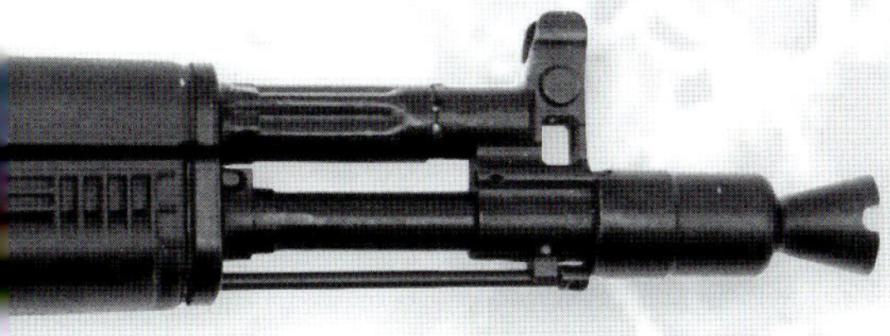

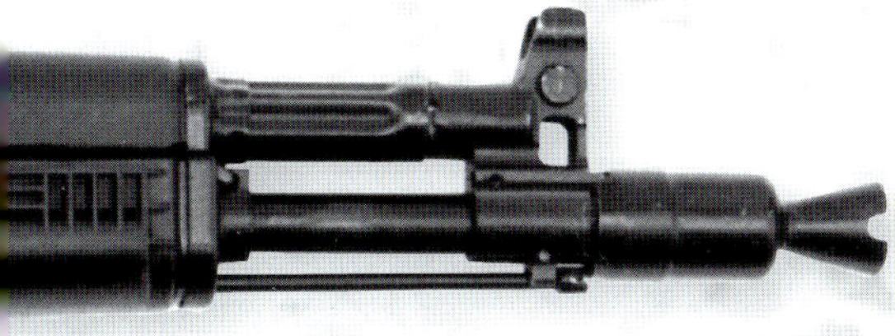

이즈매쉬는 이렇게 시대가 바뀌었지만 AK로부터 벗어나지 못하고 있다. AK200을 거쳐 완성된 최신형, AK-12는 이즈매쉬가 생산하는 마지막 AK가 되었다. 2010년, 러시아 국방부는 AK-12의 테스트를 실시한다고 발표했다. 만약 AK-12가 러시아군 제식이 된다면 초대 AK-47이후 무려 4세대에 걸쳐 AK가 제식이 되는 셈이다.

AK-12는 센츄리 시리즈의 개량형으로, 리시버 커버를 강화해 그 위에 피카티니 레일을 설치했다. 개머리판은 길이 조절이 되는 측면 접절식으로 SCAR와 흡사하다. AK의 전통처럼 된 우측면의 대형 조정간도 좌우 대칭형으로 바뀌었고 장전손잡이도 좌우 방향을 바꿀 수 있다.

사용 탄약도 5.45×39mm, 5.56×45mm, 7.62×39mm, 7.62×51mm등 네 가지 버전이 준비되어 러시아군 뿐 아니라 세계 시장을 노린 전략 상품임을 알 수 있다. AK-12라는 이름은 '2012년형 AK소총'이라는 뜻이다.

AK-12의 테스트가 러시아군에서 한창 진행되는 중이던 2011년 9월에 러시아 군은 AK의 신규 조달을 당분간 중지한다고 발표했다. 이미 대량의 AK가 쌓여있기 때문에 당분간 신규 조달을 해야만 할 필요성이 없었기 때문이다.

그래도 AK-12의 테스트는 계속되었지만 2012년 1월에 러시아군은 AK-12 구입 가능성을 부인했다. 그리고 4월에 이즈매쉬는 도산했다. 하지만 이것은 AK 제조거점이 사라졌다는 뜻은 아니다. 새로운 업체를 만들기 위해 일단 이즈매쉬를 폐쇄하는 것이었다. 그 뒤 이즈매쉬(IZHMASH)와 이제메크(IZHEMEKH: Izhevsky Mekhanichesky Zavod)가 합병해 새로운 회사를 만들었다. 이제메크는 러시아군의 신형 제식 권총 MP443이나 마카로프를 만들어 온 회사로, 바이칼이라는 상표로 민수용 총기도 만들어 왔다.

새로 만들어진 회사의 이름은 OJSC Concern Kalashinikov, 즉 칼라시니코프 콘체른이다. OJSC는 Open Joint Stock Company(공개 주식회사), 콘체른은 독립된 두 회사가 연합해 만든 일종의 기업 집단을 뜻한다.

새로운 칼라시니코프 콘체른이 만든 전략 상품인 AK-12는 2014년부터 러시아군에 납품된다는 설과 당분간 납품될 일이 없다는 설 두 가지가 분분하다. 현 시점에서 AK-12는 일부에 공개된 수준에 불과하므로 실제로 성능이 어떤지는 알 수 없는 상황이다.

AK-12

AK 시리즈의 성능 테스트

메카니즘 / 사격감각 / 집탄성 / 내구성

Turk Takano

▲루마니아제 SAR-1(위)와 이집트제 ARM(아래)

베트남 전쟁 당시부터 지금까지 공산 국가나 테러리스트가 사용하는 칼라시니코프 소총(AK)에 대해 보도할 경우 그 이름을 AK-47로 불러버리는 것이 보통이다. 물론 정확한 이름은 아니다. 소련에서 AK-47의 생산은 1959년에 끝났으며 그 뒤 프레스 리시버를 가진 AKM으로 바뀐다. AK-47도 그 뒤 오랫동안 쓰이기는 했지만 세계적으로 널리 쓰이는 칼라시니코프 소총은 AKM이다.

1974년, 5.45×39mm의 고속 경량탄을 사용하는 AK-74가 등장해 소련의 아프가니스탄 침공에도 사용됐다. 일본(역자 주: 한국도 마찬가지)의 언론매체가 정확히 AKM이나 AK-74등을 구분하지 않고 AK-47이라고 뭉뚱그려 부르는 이유는 미국을 시작으로 해외 언론 역시 AK-47이라고 부르기 때문이다. 방송 관계자가 총을 정확하게 부르고 묘사하는 것은 당분간 어려운 일이다. 언론 관계자는 무엇을 보도해도 듣기 쉽게 뭉뚱그려 말하는 사람이 많기 때문이다. 물론 특정 분야에 조예가 깊은 언론인도 있지만 일부에 불과하다.

게다가 다양한 분야를 폭넓게 보도해야 하는 만큼 어떤 특정 분야에만 집중해 지식을 쌓는 것도 무리다.

그리고 어째서인지 미국의 언론 관계자들 중에는 총기 반대자가 많다. 그러다 보니 총기와 무기에 대한 지식 수준이 낮다. 이 때문에 칼라시니코프 소총은 전부 AK-47로 불리고 있다. 언론에 접하는 일반 시민들 역시 AKS-74U네, AKM이네 일일히 정확하게 불러도 혼동이 올 뿐이다. 그 때문에 미국에서도 칼라시니코프 소총과 비슷하게만 생겨도 일단 AK-47로 불리곤 한다.

2013년 12월 23일, AK의 개발자 미하일 칼라시니코프가 세상을 떠났다. 이 때의 기사 제목이 "AK47 assault rifle designer Kalashinikov dies at 94"였다. 마지막까지 칼라시니코프가 설계한 총은 전부 AK-47로 싸잡아 불린 셈이다. 하지만 이런 식으로 20년 이상 불리다 보니 총기 업계 관계자들 사이에서도 정착되고 있다. 물론 업계 사람들이야 AK-47과 74를 구분할 줄 알지만 쉽게 통일해서 부르기 위해 "AK-47 pattern rifles" 나 "AK pattern rifles"로 부르고 있다. AK-47, 혹은 AK를 기초로 만들어진 총이라는 이야기다. 일본(역자 주: 한국도 마찬가지)에서라면 AK소총, 혹은 AK시리즈로 부르면 좋을 것이다.

필자는 지금까지 AK소총에 대한 기사를 여러 차례 써왔다. 이번에 칼라시니코프씨가 고인이 된 계기로 출판된 이 책에는 2002년과 2013년에 일본 전문지를 위해 만든 기사를 합쳐 재편집했다.

Specifications

모델명	SAR-1	ARM(MADI MISR AK-47)*1
제조업체	루마니아	이집트 *2
구경(사용 탄약)	7.62×39mm	7.62×39mm
작동방식	가스/로테이팅	
전장	880㎜	888㎜
중량(탄창 제외)	약 3.11㎏	약 3㎏
총열 길이	420mm(1-240mm)	415mm
탄창 장탄수	5,30,75발	
가늠쇠	원형 가늠쇠(제한적 조정 가능)	
가늠자	탄젠트 방식(100 ~ 1,100m 조정 가능)	
방아쇠 압력	약 2.8㎏	약 2㎏
마감 처리	파커라이징	페인트 열처리
가격	$495(2002년)	$549(2002년) *3

*1 2000년에 MADI MISR AK-47로 명칭 변경
*2 플라스틱 개머리판은 별도구매한 사제품으로 교체
*3 1982년 당시, 1250달러라는 가격으로 세상을 놀라게 했다.

▲루마니아제 SAR-1(위)와 ROMAK(아래)

미국의 AK소총

전 세계에 보급된 AK소총이지만 미국의 민간시장에 수입된 것은 AK-47의 등장부터 상당한 시간이 흐른 뒤인 1980년대 초반이었다. 2차 세계대전의 미군 참전용사들은 노획한 적국 총기를 기념품으로 집에 가져오는 것이 허용됐지만 베트남 전쟁에서는 금지됐다.

하지만 1960년대에 베트남으로부터 약간의 군용 AK(대부분 중국제 56식) 불법으로 미국에 들어왔다. AKM의 민수용 반자동 모델이 합법적으로 수입된 것은 1980년대 초반, 즉 베트남 전쟁에서 미군이 철수한지 약 10년쯤 지난 뒤의 일이었다.

정확히는 이집트제 라이센스 모델인 ARM이었지만 수입대리점인 Steyr-Daimler Puch of America(현재는 회사 이름을 바꿨다)는 1,250달러라는 터무니없는 바가지 가격을 내세워 사람들을 놀라게 했다.

AR-15민수용이 400달러, 최고의 프레스 기술을 자랑하던 스위스제 StG57소총의 민수용 모델인 SIG-AMT도 2,000달러이던 시절이다. 아무리 고장 없는 AK-47계열이라도 이집트제 3류 상품에 1,250달러는 지나친 값이었다. 실제로 거의 팔리지 않았다. 아무리 '철의 장막'너머에서 온 총이라 해도 무리였다.

1980년대 후반에는 중국제 노린코 56식이나 유고슬라비아제 AK가 수입되면서 가격도 400~500달러대로 떨어졌다. 그 뒤 중국제 총기의 수입이 규제되면서 노린코의 56식도 시장에서 사라졌지만 냉전이 끝나면서 대량의 동유럽제 AK가 수입됐다. 군용 소총의 민수용 모델이 수입 규제를 당했지만 어느 정도까지 부품을 미국에서 만들면 판매가 가능하다는 규정을 활용한 업체가 등장하기 시작했다.

이렇게 해서 지금은 불가리아제나 폴란드제, 원조 러시아제등이 많이 수입되고 있다.

디자인과 작동

기본 분해를 보시면 아시겠지만 AK시리즈는 아주 단순하게 만들어졌다. 서방제 총기는 필요 이상으로 복잡한 기구를 채택한 경우도 적지 않다. 물론 덕분에 쓰기는 편해진 경우도 많으니 나쁘다고는 못하겠지만 분명 단순함을 잃은 경우도 있다.

AK시리즈의 구조와 작동은 아주 고전적이면서 단순하며 머리가 좋지 않아도 조작과 정비가 쉽다. 제조 역시 철공소 수준의 설비로 가능하다. 꽤 옛날부터 파키스탄의 다라 지방에서 카피품이 생산된 것은 유명하다. 지금은 어떨지 몰라도 오랫동안 다라에는 원시적인 공작기계밖에 없었다. 그런 후진국 시골에서도 만들 수 있는 총이 AK다.

리시버 오른쪽에는 노리쇠뭉치의 일부인 장전손잡이가 튀어나와 있으며 이 손잡이는 쏠 때마다 앞뒤로 움직인다. 탄피는 오른쪽 앞으로 튀어나가기 때문에 왼손잡이가 쏴도 얼굴을 다칠 일은 없다.

리시버 오른쪽에 있는 안전장치 겸 자동/반자동 조정간은 먼지덮개도 겸한다. 이 부분의 단점은 권총손잡이를 잡은 손으로 조작할 수 없다는 것이다. 탄창 멈치는 작고 프레스 가공으로 만들었으며 다루기 편하게 만든 흔적은 전혀 없다. 같은 위치에 탄창 멈치가 있는 총은 많지만 AK는 그 중에서도 조작성이 나쁜 축에 든다고 볼 수 있다.

게다가 AK의 탄창 멈치는 부품 자체가 리시버에 리벳으로 고정되어 있기 때문에 떼어내서 조정하기도 힘들다. 총에 대해 잘 아는 건스미스라면 몰라도 일반 사용자에게는 무리다. 마지막 탄이 발사된 뒤 노리쇠가 후퇴고정되는 기능도 없다.

작동방식은 가스압 작동식이다. 노리쇠는 두 개의 폐쇄돌기를 가진 회전식으로, 모양은 많이 다르지만 M1개런드를 기초로 설계했다고 칼라시니코프 본인이 말한 바 있다.

총열에서 가스 실린더로 흘러드는 가스의 양을 조절하는 가스조절기는 없다. 쓸데없는 조절을 할 필요도 없게 하려고 처음부터 여유있게 설계했기 때문이다. 쉽게 말해 가스 피스톤이 느슨하다. 수천발을 쏴도 카본(탄매, 그을음)이 쌓일 것 같지 않다.

물론 이런 설계는 장기적으로 보면 리시버의 덜걱거림이 생기거나 내구성이 떨어질 가능성도 있다. AK의 경우 리시버 뒤에 완충기도 없으니 더욱 그렇다. 하지만 비교적 파워가 낮은 7.62×39mm 탄을 쓴 덕분에 큰 문제가 없었다. 보다 강력한 7.62×51mm로(7.62mm NATO) 같은 구조를 적용하면 문제가 생길지도 모르겠다.

실제로 초기의 AK-47은 리시버를 철판 프레스 가공

기본 분해

❶ 약실 내 안전점검 후 탄창 멈치를 누르면서 탄창을 총구 방향으로 돌리듯이 분리한다.

❷ 상부 덮개 뒷부분에 튀어나온 복좌용수철(완충스프링) 멈치를 누른다.

❸ 복좌용수철 멈치를 누르면서 덮개를 분해한다.

❹ 다시 복좌용수철을 누르면서 리시버의 홈을 통해 분리한다.

❺ 노리쇠를 리시버 뒷면 절단면을 따라 들어낸 후 살짝 밀어넣어 노리쇠 캠에 걸린 부분을 풀어내어 리시버로부터 분리한다.

❻ 사격 후에는 이와 같이 기본 분해하여 약실 내부를 점검, 청소한다.

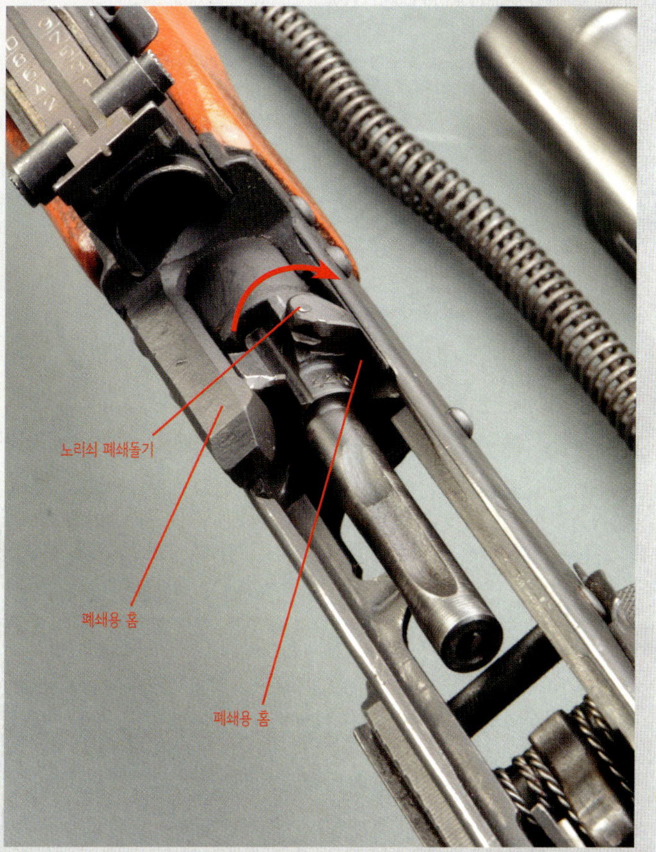

❼ 총열 뒷부분에는 총열 확장 부품이 있으며 노리쇠의 폐쇄돌기는 폐쇄 시 총열 연장부의 폐쇄용 홈과 결합된다. 이 총열 연장부는 4개의 리벳으로 리시버에 고정되어 있다.

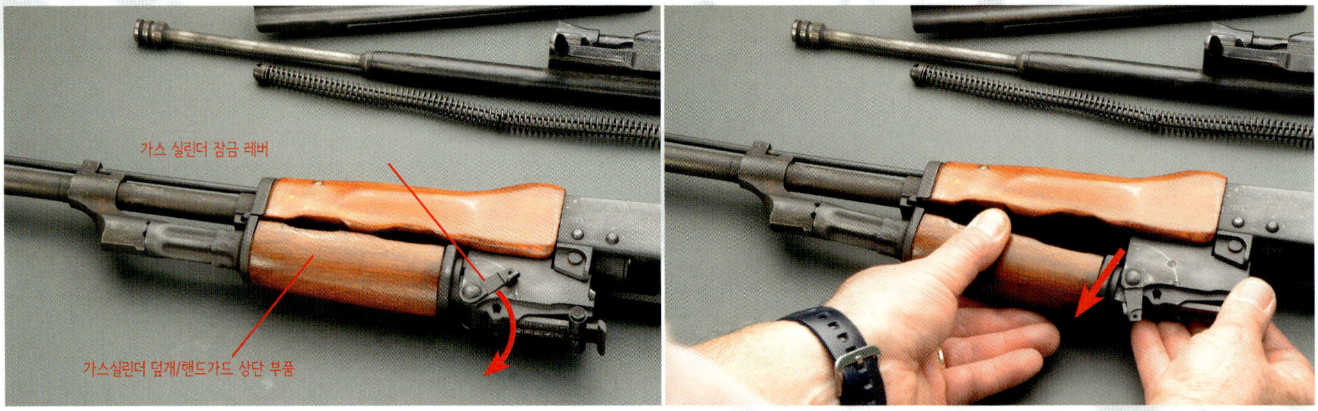

▲가스 실린더 잠금 레버를 돌려 풀어준 후 가스실린더 덮개/핸드가드 상단 부품을 분해한다.

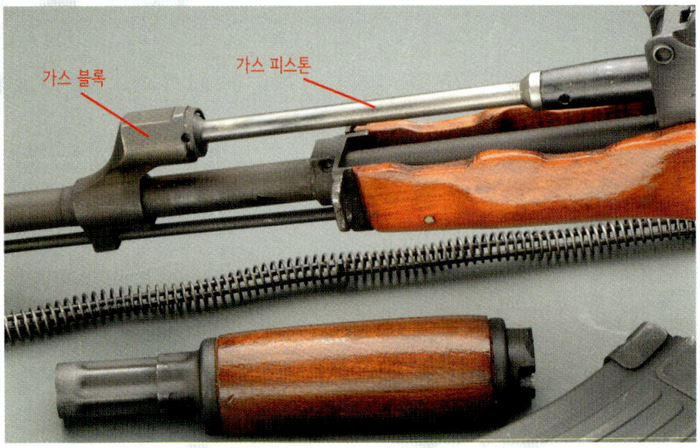

▲가스 블록과 가스 피스톤은 위와 같이 연결되어 있다.

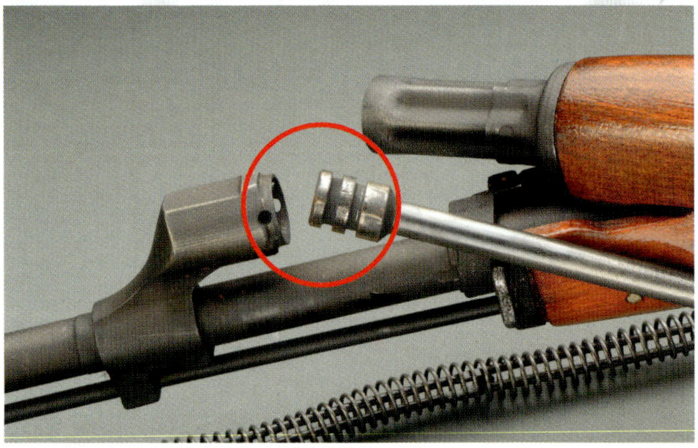

▲가스 피스톤은 살짝 걸쳐진 상태로 가볍게 결합되어 있다.

으로 만들었지만 리벳이 풀리는 등의 문제가 해결되지 못해 결국 절삭가공 리시버로 바뀌었다.

조준장치

조준 시스템은 2차 대전에는 주류였던 탄젠트 시스템으로, 지금은 거의 쓰지 않는다. 100~1,000m까지 눈금이 파여있지만 7.62×39mm의 유효사정을 보면 500m이상은 그야말로 지역제압 사격밖에 안된다. 가늠쇠는 기둥 형태로 전용 도구를 이용해 상하로 움직일 수 있다. 좌우 조절도 가늠쇠를 움직여야 하며

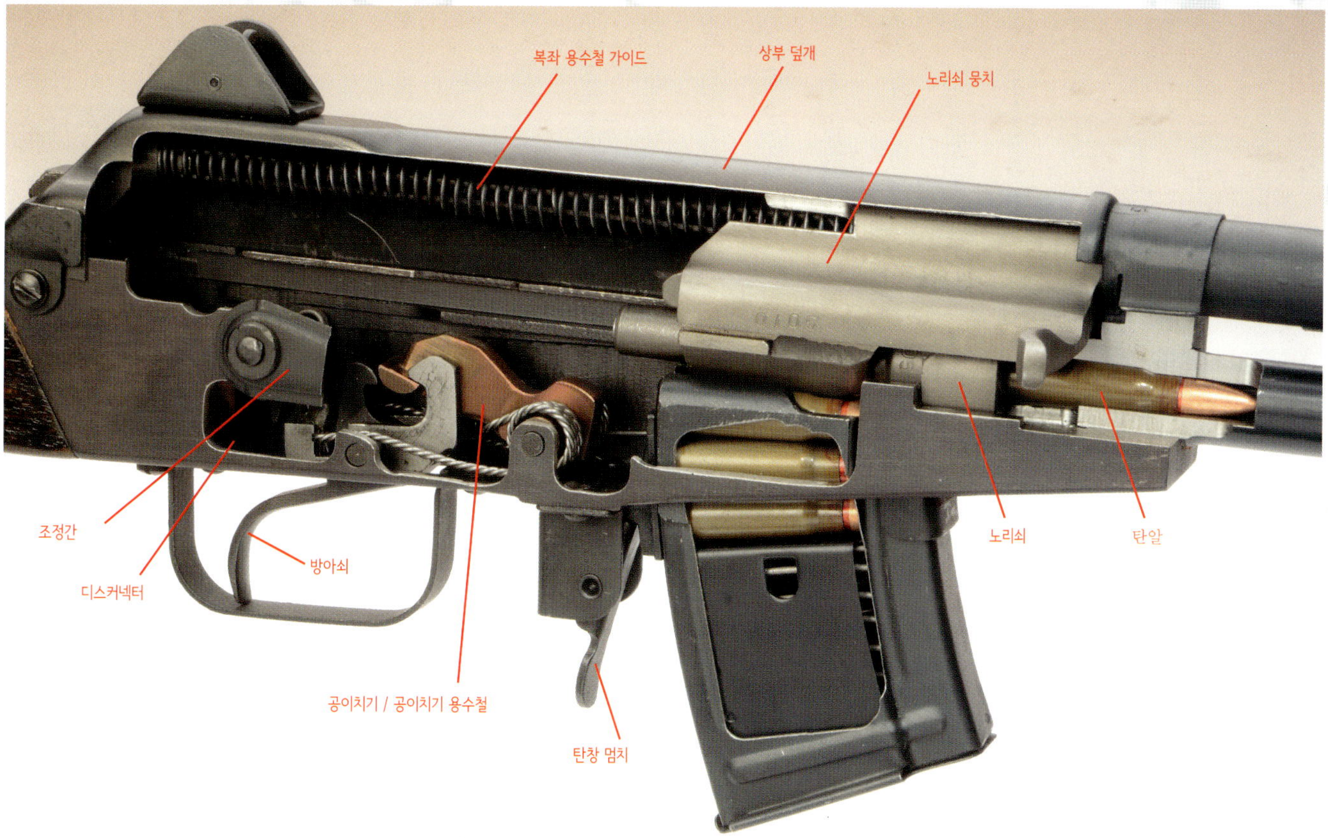

이것도 전용 도구가 필요하다. 탄젠트식의 가늠자는 거리에 따라 조절이 가능하지만 좌우 조절 기능은 없다. 영점 조절은 원하는 거리에서 꼭 하지 않아도 가능하다. 300m거리의 표적에 대해 영점을 잡고 싶다면 가늠자를 300m에 놓고 25m거리에서 표적을 쏴 가늠쇠를 조절해 영점을 맞춘다. 이러면 300m거리에서도 영점은 맞는다.

이번 기사에 사용한 루마니아제 AK에는 리시버 좌측면에 스코프 마운트 베이스가 리벳으로 고정되어있다. 미국에 흔한 위버나 피카티니 레일 마운트와는 모양이 전혀 다르지만 공산권에서는 흔한 디자인이다. 기왕 있는 마운트이니 스코프를 달아 테스트했다.

흔히들 AK시리즈의 집탄성은 '형편없다'고들 한다. 이번 테스트에 사용한 스코프는 러시아제 POSP4x24로, 군용의 PSO-1과 모양이 같다. 오리지널에 쓰이는 십자선 조명용 배터리는 2.5v의 짧은 것이지만 미국에서는 팔지 않는 규격이라 일반적인 1.5v AA배터리용으로 개조되어있다.

이 스코프가 여전히 러시아군의 현역이라는 사실은 믿기 힘들다. 지금은 박물관에나 진열할 수준이니 말이다. 현대의 스코프는 상하좌우 어떻게 조절해도 레티클(조준용 눈금)은 시야의 가운데를 벗어나지 않는 <콘스턴틀리 센터 레티클> 시스템이다. 하지만 이 스코프는 레티클 및 거리측정 눈금이 영점 조절에 따라 시야 안에서 위치가 바뀐다. 심하면 레티클이 시야의 구석에 가 있기도 한다.

레티클은 피라미드 모양으로, 좌우에는 리드용의 눈금(밀)과 거리 측정용 눈금이 있다. 거리 측정 눈금 왼쪽에 있는 숫자 1.7은 1.7m, 즉 인간 크기의 표적을 겨눌 때 이 표적이 1의 눈금 안에 꽉 차면 표적까지의 거리가 100m라는 이야기다. 가장 오른쪽의 4에 꽉 차면 400m이다. 스코프에 수직 방향 직선이 없으므로 사거리가 400m일 경우 스코프의 상하 조절 다이얼을 4로 돌려야 한다.

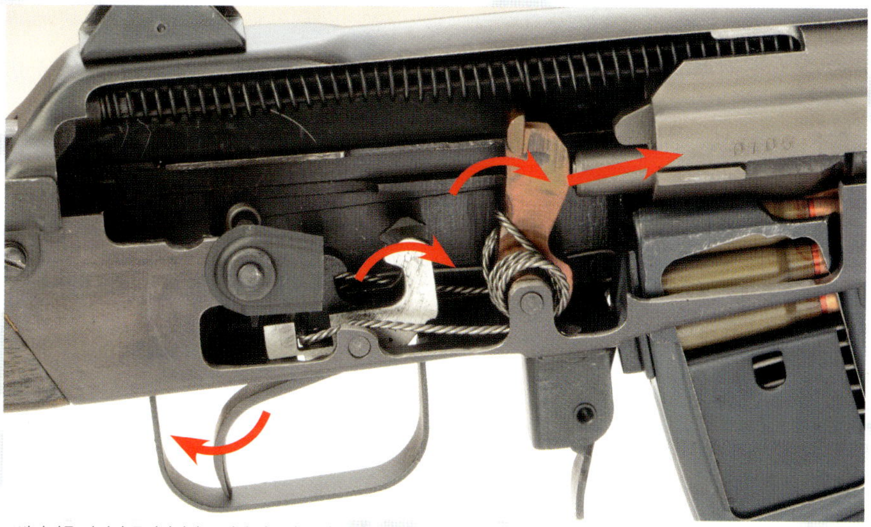

▲방아쇠를 당기면 공이치기가 노리쇠 뒷쪽의 공이를 친다.

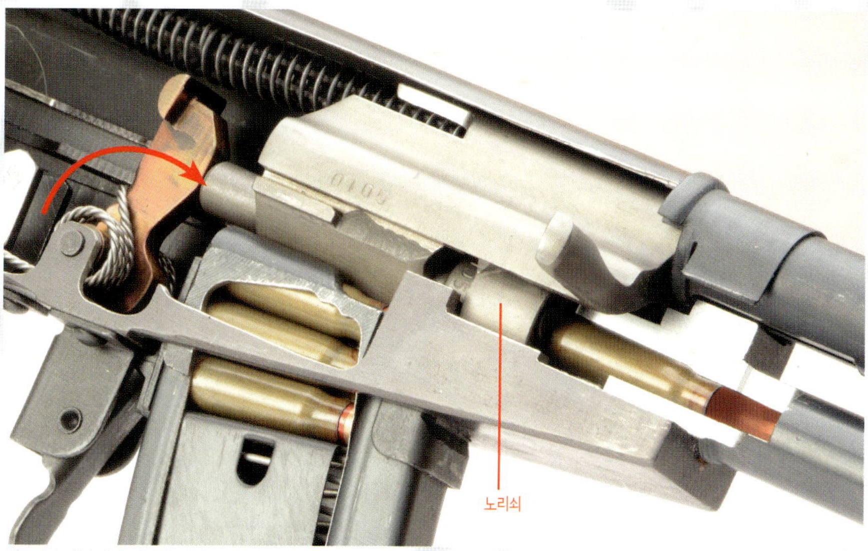

▲공이가 전진하여 뇌관을 친다.

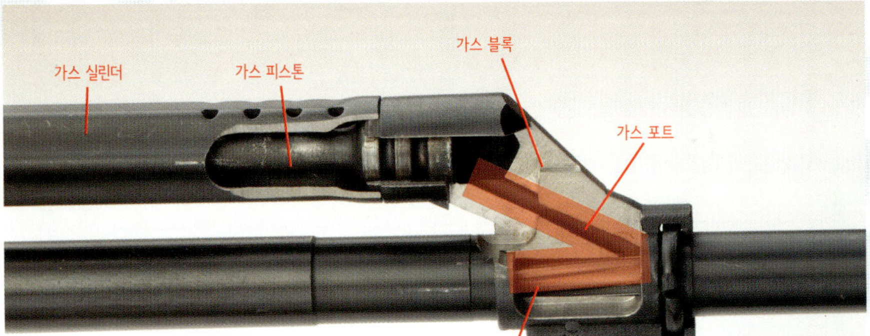

▲ 총알이 총열 내부를 전진하고 가스 포트를 통과함과 동시에 일부 가스가 가스 블록을 거쳐 실린더에 들어가 가스 피스톤을 뒤로 민다.

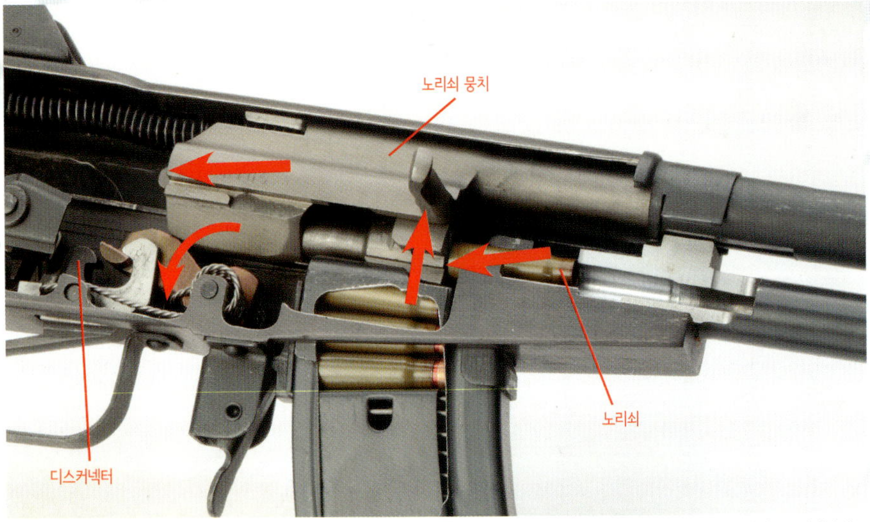

▲ 노리쇠뭉치의 후퇴로 노리쇠는 회전하면서 폐쇄되고, 공이치기가 젖혀진다. 방아쇠는 당겨진 채이므로 후퇴한 공이치기에는 걸리지 않지만 디스커넥터가 공이치기를 붙잡아둔다. 방아쇠를 원래 위치로 되돌리면 디스커넥터에서 풀려난 공이치기가 방아쇠에 붙잡힌다. 하지만 사진에서는 방아쇠가 공이치기를 붙잡고 있다.
노리쇠의 갈퀴에 의해 약실에서 끌려나온 탄피는 리시버 안쪽에 튀어나온 차개에 부딪혀 밖으로 튕겨나간다.

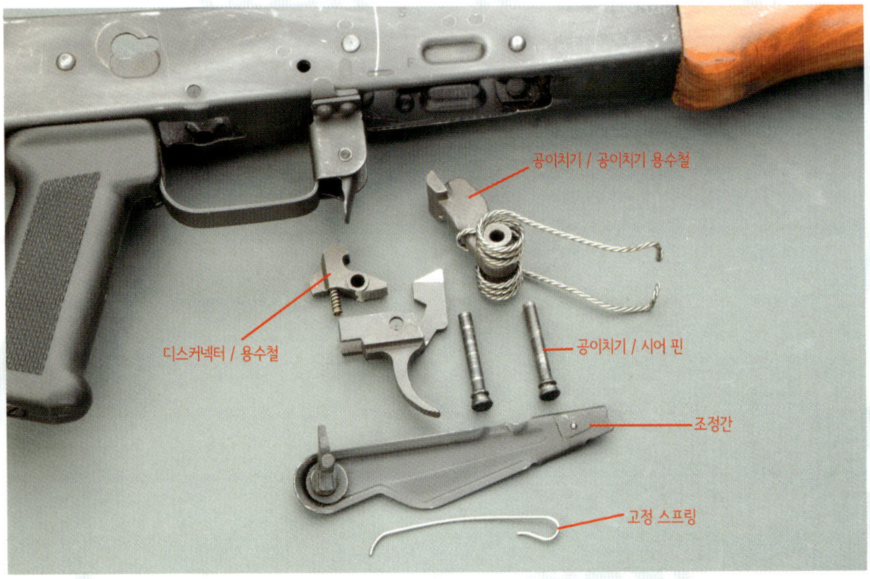

실전에서 상하 조절 다이얼을 돌릴 틈 따위는 없을 경우가 많겠지만 소련에서는 별 상관 않은 듯 하다. 레티클에 수직선과 눈금이 있다면 홀드오버, 즉 거리를 감안해 더 위쪽을 조준하는 등의 의도적 오조준이 가능하겠지만 말이다. 같은 PSO-1이라도 드라구노프용에는 1,000m용 거리 눈금은 물론 1,300m까지의 홀드오버용 피라미드까지 그려져 있다. 물론 드라구노프로 1,300m까지 저격한다는 것은 상당히 무모한 이야기이지만 말이다.

이 스코프를 이용한 AK테스트 결과는 영 아니었다. 원래 드라구노프용으로 디자인된 것인지라 드라구노프보다 리시버가 짧은 AK에서는 스코프가 너무 뒤로 가는 느낌이다. 게다가 고정도 제대로 되지 않아 사격중에 스코프가 마운트에서 떨어진다. 스코프 자체의 질량이 커 사격중의 반동에 의해 총 앞쪽으로 쏠리는 현상을 막지 못한다. 고정 장치가 있지만 제대로 작동하지 않는다. 고정 레버는 원터치 방식이라는 좋은 아이디어지만 쏘면서 떨어지는 것은 치명적 단점이다.

이것으로 끝이 아니다. 거리 눈금에 맞춰 상하 조절 다이얼을 돌려야 한다고 썼지만 이렇게 하려면 특정한 거리에서 쏴서 상하 조절 다이얼의 수치를 맞춰야 한다. 구체적으로 표현하자면 100m거리에서 사격해서 스코프 중앙에 명중하게끔 조절한 뒤 상하 조절 다이얼의 수치를 1에 맞춰야 한다. 이를 위한 세트 나사가 이 스코프에는 두 개 있으며 이것을 풀어 다이얼을 돌린다. 하지만 원하는 위치에 나사 구멍이 없기 때문에 고정할 수 없다. 100m에 맞췄는데 다이얼 위치가 2가 되는 경우도 있다. 사실 정확히 맞춘다는 자체가 우연의 산물에 불과하다. 사실 필자의 경우가 그랬다. 더 조정하는 것도 불가능한 것은 아니다. 상하 조절 다이얼과 그 축의 중간에 있는 나사를 풀어 축과 다이얼의 타이밍을 바꾼 뒤 축과 다이얼이 함께 움직이지 않도록 중간쯤에 구멍을 뚫어 나사를 새로 고정해야 한다. 이 얼마나 귀찮은 일인가….

실사 테스트

12년 전의 테스트에서는 러시아제 울프(Wolf), 그리고 러시아제이지만 브랜드를 알 수 없는 탄, 그보다 10년 전에 산 중국 노린코(Norinco)제와 이스라엘 IMI제 탄을 사용했다.

당시에 준비한 탄의 양은 1,400발. 정밀도 테스트 결과는 아래의 표를 보시기 바란다. 거리는 모두 100야드(약 90m)다. AK시리즈의 100야드 탄착군은 7~8인치(약 178~203mm)로 알려져 있다. 물론 일반 가늠자-가늠쇠로의 결과다. 스코프를 달면 이보다 많이 좋아진다.

일반 병사가 발휘하는 사격능력과 실제 전투에 필요한 소총의 정밀도는 자료에 의하면 놀랍게도 100m에서 탄착군 8인치(203mm)면 충분하다고 한다. 이것은 실제 전투중 병사가 받는 스트레스등을 고려한 것이라고 한다.

총의 정밀도는 높으면 높을수록 좋기야 하지만 심하게 압박을 받는 전투중에 제대로 조준하기란 쉽지 않을 것이다. 그렇다면 AR처럼 100m에서 4~5cm의 탄착군이 나오는 수준조차 필요 이상의 정밀도일지도 모른다. 총 자체의 정밀도를 높이는 것 보다 작동이 확실한 쪽으로 설계에 힘을 집중하는 편이 낫다는 이야기다. 이런 주장대로면 AK는 일반 병사용 군용총으로는 정답일지도 모른다.

독자 여러분도 아시다시피 AK시리즈에 흔히 쓰이는 7.62×39mm 탄약은 NATO탄인 7.62×51mm와는 다르다. 테스트에 쓰인 모델의 총강(총열 내부) 직경을 측정하니 보어(강선의 튀어나온 부분으로 측정한 지름)가 .302인치(약 7.67mm), 그루브(강선의 파인 부분으로 측정한 지름)가 .314인치(약 7.97mm)였다.

반면 7.62×51mm은 보어가 .300(7.62mm), 그루브가 .308(약 7.82mm)였다. 테스트한 탄약의 탄

▲ 탄젠트식 가늠자. 1이 100m, 10은 1,000m를 나타낸다. 제2차 세계대전 당시에는 주류로 유행했던 조준 방식이다.

▲ 조준경 장비용 부품이 총몸 좌측에 부착되어 있다.

▲PO SP4×24 광학 조준경을 장비한 상태

자 지름은 러시아제도 이스라엘제도 .310인치(약 7.87mm)로, 중국 NORINCO만 약간 큰 .311인치였다. .314의 그루브와는 꽤 차이가 있다. 사실 AK시리즈의 원래 그루브 규격은 .311~.312인치이지만 말이다. 참고로 7.62×51mm의 탄자 직경은 .308인치다.

AK를 200야드(약 180m)에서 테스트한 결과 간신히 인체 표적에 맞는 정도였다. 200m거리에서 적이 나를 AK로 겨눈다면 섣불리 움직이지 않는 편이 차라리 낫다. 함부로 움직였다가는 눈먼 탄에 맞을지도 모르니 말이다(웃음).

AK의 집탄성이 나쁜 이유는 가스 시스템에 있다. 피스톤이 상당히 큰데다 탄자가 총구에서 빠져나가기 전부터 움직인다. 작동시의 잡음도 굉장히 크다.

제조사/탄두 무게/타입	총구초속 (fps)	총구 에너지 (ft.lbs)	5발×3개 그룹 (mm)
Russia JSC/123g r./SP	2,317	1,464	115
Russia Wolf /122gr./HP	2,359	1,509	133
Israel IMI /122gr./FMJ	2,555	1,377	129
China Norinco/122gr./FMJ	2,308	1,440	145

M16/M4계열과는 큰 차이를 보인다. M16/M4계열에는 AK같은 피스톤도 실린더도 없다. 노리쇠뭉치가 후퇴하는 시점도 탄자가 총구를 빠져나간 직후다.

AK가 높게 평가받는 최대의 원인은 가혹한 환경 속에서도 청소하지 않고 계속 쏠 수 있다는 점이다. 얼마나 쏠 수 있는지 테스트했다.

1일째: 300발
3일째: 190발
4일째: 190발
5일째: 리시버 안에 모래를 끼얹고 190발
10일째: 190발. 러시아제 탄창에서 급탄불량이 2회 발생. 그 뒤 러시아제 탄창 사용 중지. 루마니아제, 이집트제 탄창 사용. 사격 후 하부 리시버에 물을 끼얹음. 4일 방치.
14일째: 120발. 노리쇠뭉치에 기름기가 완전히 없어지고 피스톤에 카본(그을음)이 심하게 쌓였다. 노리쇠의 전진폐쇄 속도가 조금 둔해짐. 하지만 기능상의 문제는 없음.
17일째: 120발
21일째: 120발

여기까지 총 1,230발을 쐈다. 21일간 청소도 않고 쐈지만 그래도 사격이 가능했다. 준비한 탄이 170발 남았지만 계속 쏜다 한들 달라질 일도 없을듯 해 여기서 테스트를 중지했다.

물론 이것도 하나의 사례일 뿐 다르게 테스트하면 또 달라질지도 모른다. 하지만 AK의 터프함을 보여주는 사례로는 좋을 듯 하다.

AK시리즈는 처음부터 부품 사이의 결합을 타이트하게 하지 않았다. 가스 피스톤과 실린더 사이에도 상당한 유격이 있다. 또 실린더 외벽도 별 모양의 단면으로 되어있어 안쪽에 돌출된 부분이 피스톤을 지탱하는 구조다. 이런 설계가 청소 없이도 1,000발 이상 계속해

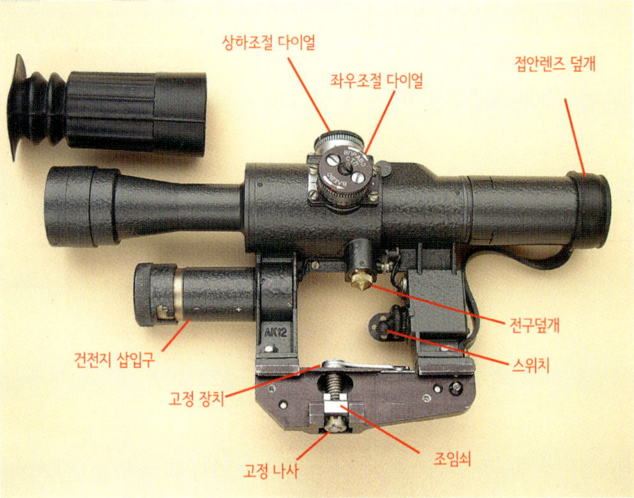

▲AA1.5V 건전지가 1개 들어간다.

서 쏠 수 있게 하는 성능을 만들었다.

사실 최근에는 M16/M4계열도 1,000발 이상 쏠 수 있다는 테스트 결과가 있다.

가스피스톤 방식으로 개량된 버전뿐 아니라 흔히들 더러워져 신뢰성이 떨어진다는 가스 직결식의 경우에도 노리쇠와 노리쇠뭉치에 윤활유를 많이 뿌려주면 작동한다. 그래도 가혹한 환경에서의 작동성능이 AK의 중요한 장점임에는 틀림없다.

AK시리즈가 '쏘기 쉽다' 는 이야기는 들어본 일이 없다. 물론 미국에서의 이야기이지만, 미국에서 사격을 진지하게 하는 사람들 사이에서는 소련쪽 디자인의 총이 인기가 없다. 가진 사람은 꽤 많지만 신기하니까 샀다는 경우가 많지, 진지하게 사격을 하는 것이 주 목적인 경우는 의외로 없다.

AK를 쏠 때 불쾌한 부분이 두 가지 있다. 반자동으로 쏠 때 노리쇠뭉치에 밀려 눕혀진 해머가 디스커넥터에 걸릴 때 방아쇠가 앞으로 튕겨나온다. 흔히 말하는 '트리거 슬랩' 이다. 10발쯤 쏘면 별 문제가 없지만 30발쯤 쏘면 손가락이 아프다. 이 때문에 AK로 내구 테스트를 할 때는 가죽 장갑을 끼고 손가락을 보호했다. 완전자동이면 1,000발쯤 쏴도 문제가 없지만 매 발마다 방아쇠를 당겨야만 하는 반자동이라면 정말 피곤하다. M16/M4계열에서는 이런 일이 없다.
짧은 개머리판도 불편하다. 소련군 병사들이 이리도 체격이 작았나? 2~3cm쯤 늘려야 할 것 같다.
이처럼 사소한 단점은 있지만 군용 소총으로 우수한 것은 틀림없다.

결론

AK시리즈는 이미 1억정 이상 존재한다고 알려졌다. 물론 정확한 숫자는 모른다. 생산국도 많고, 정확히 파악하기란 불가능하다. 설령 파악한다 쳐도 제조된 총 전부가 지금도 가동될 턱은 없다. 하지만 수많은 AK가 존재해 정규군 외에 반정부 세력이나 테러 조직이 널리 쓰는 것은 사실이며 그 결과 세계에서 가장 많은 사람의 목숨을 앗아간 총이 되었다.
여기에 대해 칼라시니코프는 살아 생전에 세계의 언론에서 이런 질문을 받았다. "당신이 개발한 총이 수많은 사람의 목숨을 앗아가고 있다. 이것을 어떻게 생각하는가?"
칼라시니코프는 언제나 "조국과 동포를 지키기 위해 개발했다"고 답해왔다.
당연하다. 분쟁지역에서 AK시리즈가 널리 쓰이는 것은 AK가 군용으로 우수하기 때문이기도 하지만 구 공산진영뿐 아니라 각지의 무장세력 및 반체제 세력에 마구 뿌려진데서 시작됐다.
거의 공짜로 테러리스트에게 흘러가는 루트가 생긴 것이고 지금도 크게 변하지 않았다.
이런 이유로 세계 각지의 분쟁에 쓰이는 것이지 칼라시니코프의 책임은 아니다.

▲ 리시버 커버를 벗긴 뒤 일부러 모래를 안에 넣었다.

하지만 이런 언론의 비난을 받아온 칼라시니코프는 2013년 4월에 러시아 정교의 최고 성직자인 키릴 총주교에게 참회의 편지를 보낸 사실이 2014년 1월에 러시아의 유력 일간지 이즈베스티야에 의해 밝혀졌다.
이 신문에 의하면 칼라시니코프는 자신이 개발한 총이 많은 목숨을 앗아간데 대해 "마음의 고통을 견딜 수 없다" 고 고백하며 "나에게는 아무리 적의 목숨이라도 사람들의 죽음에 책임이 있는가", "신은 빛과 그림자, 선과 악을 뗄 수 없는 관계로 만들었는가" 등의 질문을 주교에게 보냈다.

키릴 주교는 "조국 방어를 위해 무기를 개발하고 쓰는 것은 지지한다" 며 "칼라시니코프씨는 애국주의의 모범과도 같다"며 답했다.

칼라시니코프는 세상을 떠났으나 AK시리즈는 앞으로도 국가를 지키기 위해, 혹은 국가를 무너트리기 위해 쓰일 것이다. 그것이 총이라는 물건이다. '국가' 를 '자유', 혹은 '평화'로 바꿔 써도 마찬가지다.

Turk

▲ 총기 내부에 모래를 집어넣은 상태에서의 사격. 처음 몇 발은 총기 내부에서 모래를 갈아내는 듯한 진동이 있었지만 작동에는 별다른 영향을 주지 않았다.

AK-47 (56식) 은 최강의 돌격소총인가?

by Captain Nakai

AK47의 기본 제원	
총	AK47(56식)
장탄수	30+1
무게	3356g
장전시 무게	4162g(30연발 탄창 삽입시)
길이	890mm
총열길이	16인치(415mm)
강선	4조 우선
조준선 길이	500mm
가늠쇠	포스트(기둥)형(좌우조절 가능)
가늠자	0~800m(탄젠트식)
방아쇠 압력	2.5kg
사용탄(탄자중량)	7.62×39mm 123gr.FMJ(7.9g)
총구초속	2350fps (730m/s)
작동방식	가스피스톤
완전자동시의 발사속도	600발/분
제조 수량	100,000,000정(추정)

AWB 규제법 전에는 중국 노린코 제의 AKM이 루마니아 제나 이집트 제에 비해 마감처리나 성능에 대한 평가가 의외로 좋아서 비교적 고가에 거래되었다.

역자 주: 이 기사는 일본인 필자가 2009 년에 발표한 "쏘지 않고 말하지 마! 56식 소총", 그리고 이를 기반으로 암즈 매거진 2012 년 11 월호에 게재 된 "AK47, 쏘지 않고 말하지 마!"를 기본으로 재구성한 것입니다.

베트남 전쟁에서 벌어진 이 두 자루의 돌격소총의 대결이 세계의 주목을 받았다.

56식과의 만남

2000년 여름, 필자는 상태가 좋은 AK-47계열 소총을 찾아 라스베가스에서 열린 건쇼(총기 전시-판매회)를 헤맸다. 1994년에 시행된 공격무기 규제법(AWB)으로 인해 당시에는 썸홀 스톡(엄지손가락을 넣는 구멍이 뚫린 개머리판)이 부착된 AK계열 스포터 모델, 즉 민수용 반자동 모델이 주로 수입됐다. 하지만 필자가 찾던 것은 독립된 권총손잡이가 달린 오리지널 스타일의 것이었다.

"이봐, 자네! AK를 찾나? 좋은 것이 있다네."

라스베가스의 총포상 '머신건 켈리'의 사장 켈리가 나를 불러세웠다. 다른 부스에서 좋은 매물을 발견한 모양이다.

켈리가 부스 뒤에서 꺼낸 것은 1993년 이전에 수입된 프리밴(규제 전) 모델인 중국제 56식이다. 오리지널 개머리판과 권총손잡이가 달려있다. AK는 워낙 많은 곳에서 만드는 만큼 소재나 마감이 천차만별이다. 옛날의 중국제라면 저질의 이미지가 강하지만 당시에 흔하던 루마니아제나 이집트제에 비하면 훨씬 품질이 좋았다.

가격도 루마니아제의 약 두배, $800정도였다. 놀랄 만한 값이지만 나름 이유가 있었다.

AKM (56 식 자동 보총)을 실사 중인 필자. AK47 계열 총기는 신뢰성이 높다고 한다. 하지만 정말 완벽한 돌격소총일까?

AK 계열 총기의 탄창 결합에는 요령이 약간 필요하다. 탄창 윗쪽의 걸쇠를 확실하게 총몸에 걸은 다음 탄창 멈치로 고정시켜야 한다.

탄창을 결합하기 전 탄창 걸쇠 부분을 파악해두는 것이 좋다.

탄창 결합 시 걸쇠가 확실하게 걸리지 않은 상태로 고정되는 경우도 있다. 사진의 상태가 그러한 경우이며 이때 탄알은 장전되지 않는다. AK계열 조작 중 흔히 발생하는 실수이다.

탄창이 정확히 결합된 상태.

사격 이벤트와 AK의 진가

1993년 9월, 라스베가스 교외의 사막에서 개최된 SOF(Soldier Of Fortune: 미국의 밀리터리 전문지) 컨벤션 부대행사인 사격 시범에는 수많은 관객이 몰렸다.

이 행사장에는 일반인이 맘대로 쏠 수 있는 대여 총기 코너도 있어 자동사격도 가능한 M16, FAL, G3, 그리고 AK-47(56식)등 각국의 소총이 있었다. 마침내 사격 시범이 끝나자 구경을 마친 관람객들이 일제히 대여 총기를 쏘러 사격장에 몰렸다.

이 날은 40도 가까운 땡볕 아래에서 한 탄창만 자동으로 쏴도 총열과 기관부가 뜨겁게 달아오르는 가혹한 환경이었다.

마침내 세계 각국을 대표하는 소총들이 불을 뿜기 시작했지만 아니나 다를까, M16이나 FAL등은 500발쯤 자동으로 쏴대니 과열이나 폐쇄불량등으로 속속 사격을 중지했다. 제법 버티던 G3도 600발쯤에서 노리쇠의 롤러에 대량의 카본이 끼어 폐쇄불량에 의한 불발이 속출했나.

이처럼 NATO진영의 총들이 속속 수리를 위해 자리를 뜨는 동안 목제 총열덮개에서 연기를 뿜으며 중국제 56식만큼은 거침없이 사격을 계속했다. 도중에 두 번 작동불량이 있었지만 리시버 커버를 열고 노리쇠의 레일 부분에 Break Free(윤활유)를 뿌리자 물 만난 고기마냥 부활했다. 순식간에 30탄창, 900발을 뿜어냈다. 56식의 총열덮개가 내뿜는 타는 냄새와 함께 AK계열의 놀라운 작동성능이 뇌리에 각인됐다. AK가 엄청나게 터프한 것은 부인할 수 없는 사실이다.

구입한 56식

이렇게 해서 구입한 중국제 56식은 다른 총보다 두 배나 비싼 값에 좀 꺼림직도 했지만 작동성능을 생각하면 결코 비싸지 않았다.

필자가 AK를 처음 본 것은 미국에 왔을 때였다. 23년 전의 자위대에는 AK의 샘플조차 없었다. 가상적의 주력장비이니 실제로 쏴 봐서 장단점을 파악하면 좋으련만… 그래서 미국에서 처음 AK를 봤을 때는 묘하게 감동했다. 처음 쏜 AK도 56식의 접절식 개머리판 버전이었다.

하지만 접절식 개머리판은 너무 덜걱거려 100야드(90m) 밖에서 12인치(30cm)크기 표적 주변에 간신히 맞추는 정도였다. 그러다 보니 탄환을 그저 뿌려대는 물건 정도로 보였다. 하지만 이번에 구입한 56식은 고정식 개머리판이다. 소총의 경우 총열의 길이나 정밀도 못지않게 개머리판도 정밀도에 중요한 영향을 끼친다.

초기의 56식은 쇠를 깎아 리시버를 만들었지만 이 56식은 AKM처럼 철판 프레스로 만들었다. 하지만 개머리판은 AKM과 달리 AK-47처럼 조금 아래로 기울어져 있다. 반면 총구에는 AKM처럼 비스듬히 잘린 제동기가 있다. 이 56식은 어찌 보면 AKM과 AK-47의 합체 모델인 셈이다.

AK는 인기가 있는가

AK-47은 미국의 사격장이나 사격 투어등에서도 인기가 있다고 생각하는 사람이 많지만 정작 사격장 관계자들이 보기에는 그리 인기 있는 총이라고 보기 힘든 것도 사실이다. 미국에서 구 공산국가의 총이 관심을 모은 것은 동서냉전이 끝나기 전, 아직 비밀의 베일에 싸여있던 80년대 이전의 이야기다. 지금

약실에 탄알을 장탄하기 위해서는 조정간 안전 상태를 해제해야 한다. AK계열의 조정간은 사용하기 불편한 편이며 이 점은 AK계열의 대표적 단점 중 하나로 지목된다.

탄알을 약실에 장전할 때 장전 손잡이를 당겨주는 경우가 있는데 이때 주의하지 않으면 조정간의 날카로운 부분에 손바닥을 베이는 사고가 발생하기도 한다.

장전 시 시어 (화살표)는 단발 / 안전에서 완전히 자유로운 상태이므로 장전 손잡이를 당길 때 방아쇠에 손가락을 걸고있을 경우 장전 손잡이를 당길 때의 타성 때문에 총기가 폭발할 가능성도 있으므로 주의가 필요하다.

AK47 계열의 노리쇠는 후퇴고정시킬 수 없다. 표적을 확인하거나 사격 순서를 기다리는 등 사격장에서는 사용한 탄피를 탄피배출구에 끼워두는 방법이 매너로 통한다. 그러나 이런 방법을 실제로 사용하는 AK 소유자는 드문 편이다.

은 AK나 SKS, RPK, SVD등의 열광적 팬은 일부에 불과할 것 같다.

지금 미국에서 AK계열의 입장을 알려면 알기 쉬운 사례를 들어보자. 미국의 소총 사격장에서 진지하게 볼트액션 소총으로 정밀사격을 하는 사격인 옆에서 AK를 쏘기 시작하면 분명 볼트액션을 쏘는 사격인 쪽의 표정이 꽤 험해질 것이다. 이런 사람들은 AK를 제대로 된 소총으로 취급하지 않기 때문이다.

사실 300야드(270m)밖의 표적에 대한 명중조차 운에 맞겨야 하는데다 탄피가 워낙 세게 배출되기 때문에 멀리까지 날아간다. 지붕이 있는 곳이라면 지붕에 맞아 큰 소음을 내기 때문에 신경을 집중해야 하는 입장에서는 싫어하는 사수도 많다. 게다가 그 탄피가 하필이면 진지하게 쏘는 사수의 머리에라도 맞으면 분노가 폭발하게 마련이다.

또 값싼 AK계열을 구입하는 사람중 상당수는 사격장 매너도 잘 모르는 초보자가 많다. 표적 점검이나 교환을 할 때는 노리쇠를 후퇴고정시키는 것이 일반적인 규칙이지만 AK는 구조상 그것도 안된다. 이러니 사격장에서 싫어한다.

실제로 AK는 사격장에 감적용 망원경을 놓고 사격용 벤치에 달라붙어 쏘는 총은 아니다. AK는 미국의 사격장에서 운신의 폭이 좁은 총이다.

AK전설의 그림자

지금 미국에 오리지널 소련제 AK-47이나 AK-74의 완전자동 모델은 거의 없다. 미국의 AK는 AWB 시행 전인 1994년까지 중국이나 동구권, 이집트등에서 수입된 민수용 반자동 모델(스포터)가 대부분이다. 소련이 무너진 것이 1991년 12월이다. 그 전에 소련제 AK를 정식으로 수입할 루트가 없었다. AWB가 2004년에 해제된 뒤 리시버등을 미국에서 만들어 다른 부분을 수입제 부품으로 끼운 포스트 밴(규제후) 모델이 등장했다.

AK계열이 터프하다고 생각하는 사람이 많다. 사실 가혹한 베트남전에서 쓰이면서 터프함으로는 M16을 압도했고 지금도 중동의 가혹한 환경에서 쓰이는 점을 감안하면 터프하다는 것은 부인할 수 없다. 그러다 보니 "애들도 쏠 만큼 조작이 단순" "탄창을 넣고 노리쇠 당기면 OK" "청소 없이 계속 쏠 수 있다" 등의 전설을 믿는 사람도 많다. 이것들은 사실이지만 그 이면에는 뜻밖의 문제가 있다는 사실은 잘 알려져 있지 않다.

초보자들 대부분의 실수는(AK에만 국한된 이야기는 아니지만) 30발 탄창에 탄을 넣을때 벌어진다. 의외로 많은 사람들이 탄을 탄창 앞으로부터 넣으려 한다. 이렇게 해도 들어가기는 하지만 힘도 드는데다 시간이 걸린다.

돌격소총 대부분이 사용하는 더블 피드(2중 급탄) 방식 탄창은 탄을 위에서 눌러 넣어야 한다. 탄창에 장전하는 속도를 높이는 방법은 탄을 한발씩 잡고 넣는 것 보다 한 손에 탄 열발을 잡은 상태에서 탄창에 탄을 밀어넣는 편이 빠르다. 이렇게 하면 몇 발이나 넣었는지 파악하기도 쉽다.

AK조작에서 가장 흔한 실수가 탄창 삽입이다. 먼저 탄창 앞의 홈이 리시버에 확실히 끼워지게 해야 하지만 탄창 멈치는 앞이 제대로 끼워지지 않아도 탄창을 고정한다. 하지만 이 상태에서는 노리쇠를 당겨도 장전이 안된다. 게다가 30발이 들어간 탄창의 무게는 800g에 달한다. 이것을 확실하게 본체에 장착하는데는 다소 연습이 필요하다.

무엇보다 미국의 사격인들 사이에서 평판이 나쁜 것이 AK의 안전장치다.

AK는 초탄을 약실에 장전할 때 꼭 안전장치를 내려야 한다. 안전장치 레버가 노리쇠의 후퇴를 물리적으로 막기 때문이다. 따라서 이것이 제자리에 있으면 노리쇠도 충분히 후퇴하지 못하고 초탄 장전도 불가능하다.

이 때 오른손으로 권총손잡이를 잡고 왼손으로 노리쇠를 조작하다 보면 실수로 방아쇠에 손가락이 걸려 있을 때가 있다. 즉 초탄을 장전하고 안전장치를 다시 걸 어둘 때까지 실수로 방아쇠가 당겨질 가능성도 있는 셈이다.

장전할 때에도 안전장치가 시어를 계속 막고 있다면 안전 기능이 완벽하다고 생각하지만 AK는 그렇지 않으니 전장에서 총구를 아군의 등 뒤로 향한 채 노리쇠를 당기지 않았으면 하는 총인 셈이다.

실제로 AK의 오발사고 사례는 미국에서 드물지 않다. 필자도 몇 차례 목격했다. 익숙하지 않은 사수의 실수라면 그 뿐이지만, AK를 조작할 때 머릿속에 잠

베트남 전쟁은 미군이 패배한 전쟁으로 알려져 있지만 당시 사용된 AR15의 성능 자체는 매우 높은 것이다.

AK47(왼쪽)과 AR15(오른쪽)으로 100야드(약 91m) 거리의 표적에 속사 사격을 가한 결과. 일단 AK47도 표적에 전탄을 명중시키긴 했지만 탄착군이 넓게 퍼져 있으며 표적에서 빗나갈 가능성도 커보인다. 실제 사람 크기의 표적에 확실하게 명중시킬 수 있는 것은 150야드(약 137m) 정도이다.

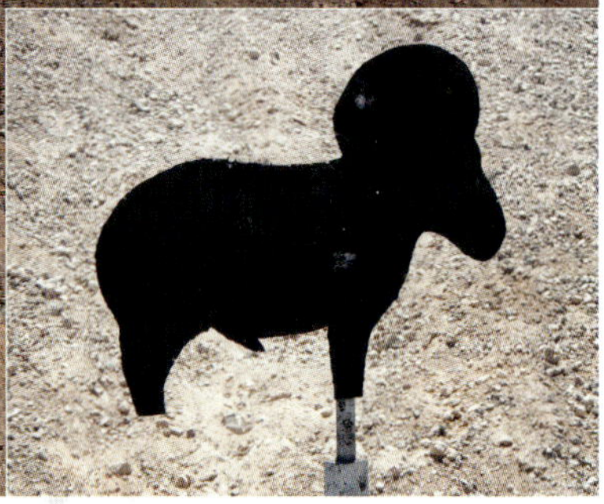

500yd (450m) 에서 AK47 로 80cm × 70cm 의 양 모양 표적에 속사 사격을 가한 결과로 명중탄은 10 발 중 단 2 발 뿐이다 .

목재 표적 상대로는 탄두가 무거운 AK 쪽이 AR15보다 높은 관통력을 보여준다. 26~34cm 정도의 목재를 관통시키는 것을 확인하였다.

나란히 놓은 벽돌에 사격을 가한 결과. 탄두가 무거운 AK는 3개의 벽돌을 파괴하고 AR15는 2개를 파괴할 수 있었다.

시나마 긴장을 부르는 것도 사실이다. 1억정이나 퍼진 베스트셀러가 안전성이 불충분하다는 것은 아무래도 좀 그렇다.

게다가 AK의 안전장치는 빡빡해 조작이 힘들고 움직일 때 소음이 커 실전에서 쓰기에 약간 불안하다.

게다가 군용 모델은 안전장치 겸 조정간이 안전 -> 완전자동 -> 반자동 순서로 움직이지만 움직이는데 미묘하게 힘이 드는데다 힘이 안들게 조정하기도 어렵다. AK를 참고해 개발된 이스라엘의 갈릴이 조정간을 쉽게 움직일 수 있는 만큼 이 점은 개량이 필요할 것 같다.

장전손잡이를 당길 때 안전장치의 돌출부에도 주의하자. 날카로운 부분은 없앴다지만 장전손잡이를 잡은 손이 미묘하게 닿는 위치다. 너무 급하게 당기다가 안전장치에 손이 다칠 가능성도 없지 않다.

100야드(약 91m)에서 일반 스틸 판에 사격한 결과로 왼쪽이 통상탄(FMJ), 오른쪽이 철갑탄 (AP)이다. 탄속이 느리기 때문에 금속에 대한 관통력은 5.56 × 45mm와 7.62 × 51mm에 비해 떨어진다.

AK의 성능을 살리자

앞에서 AK-47의 정밀도를 따졌지만 사실 1940년대의 설계사상을 현대의 NATO용 소총과 비교하는 것도 불리한 이야기다. 정밀도보다 화력과 작동을 최우선으로 만든 만큼 어떻게 보면 "7.62×39mm탄을 쓰는 기관단총"에 가깝다.

소련군이 2차 대전중 큰 피해를 입은 독일의 StG44가 그런 총이었다. 소련은 StG44를 염두에 두고 AK를 개발했다. 실제로 100야드(91m)에서 평균 탄착군은 100~200mm정도다. 이처럼 정밀도가 들쑥날

이전에 고베에서 투어에 참가해 준 마나미 씨가 56식을 쏴본 후의 소감은 "M4에 비해 무겁고 기본 가늠자와 가늠쇠로는 조준하기가 어려우며 반동도 크고 잘 맞지도 않아서 실망스러웠다"라고….

쑥한 것도 AK의 특징이다.

독특한 1단식 방아쇠의 영향도 있어 아무리 신중하게 표적을 조준해 쏴도 갑자기 엉뚱한 쪽으로 탄이 날아가는 일도 흔하다.

사실 인체 상반신 표적에 대한 유효사거리는 200야드(182m)가 한계로, 실제로는 150야드(137m) 부근에서 쏴야 그럭저럭 맞는 수준이다. 300야드(270m)이상이라면 AR15의 밥이 될 가능성이 높다.

반면 가늠자는 M4같은 핍(엿보기) 방식이 아니라 노리쇠 앞에 있어 가까운 거리에서는 비교적 넓은 시야를 확보하는 장점도 있다. 또 권총처럼 네모난 홈이 파인 스퀘어 노치 방식이라 조준선 정렬이 직감적으로 되는 경우도 있지만 초보자가 쏠 경우 AK의 탄착점은 가늠자로 겨눈 곳보다 위에 형성되는 경향이 있다.

또 M4와 대치한다면 300야드 이하의 전투시에는 5.56mm의 두 배에 가까운 탄자중량을 가진 AK가 위력면에서 다소 유리하다.

무거운 탄자는 블록이나 목재등에 대한 관통력에서 유리하다. 하지만 인체에 대해서는 M4같은 총이 쓰는 경량 고속탄이 맞은 뒤 옆으로 누워버리는 경향 때문에 만만찮은 위협이 되므로 간단하게 좋다 나쁘다를 단언할 수는 없다.

AK는 100m전후의 전투에서는 지금도 충분히 쓸만한 물건이지만 완전자동 사격시의 탄착군은 M4에 비해 훨씬 벌어지는 만큼 50야드(45m)를 넘는 거리에서 AK로 자동사격은 무리다.

자동이 아닌 반자동으로 빠르게 쏠 때도 반동도 큰데다 격발 타이밍이 약간 늦는 만큼 불리하다. 탄창 교환도 AR계열은 3초 정도에 끝나지만 AK는 평균 5초 이상 걸린다. 그 만큼 근접전투시에는 대비책을 마련해야 할 것이다.

AK의 구조적 약점

AK는 거대한 가스피스톤으로 노리쇠가 움직이므로 M4계열보다는 청소 없이 많이 쏠 수 있지만 그래도 그 숫자는 약 750발 정도로 알려져 있다(M4는 600발 안팎). 특히 약실 주변이 더러워지면 금속제 탄피가 약실에 늘어붙는 현상이 벌어지기도 한다. 이렇게 되면 금속 막대를 총열에 넣고 망치로 두들겨 빼는 수 밖에 없다. AK라도 자주 청소하는 편이 낫다.

흔히 테스트에서 물이나 진흙 속에 총을 넣었다 빼서 마구 쏘지만 이것이 반드시 총의 진정한 작동 능력을 보여주는 것은 아니고 시범 행사를 위한 보여주기식 이벤트에 가깝다.

문제는 그렇게 신나게 쏜 뒤이다. 총을 이 상태로 놔두면 리시버 안의 스프링등 많은 금속 부품들이 녹이 슨다. 특히 외부에서 보이지 않는 시어 스프링은 AK의 부속중 가장 약한 부품으로, 이것이 부러지면 방아쇠를 리셋(놓았다가 다시 당기기)하지 않는 한 해머가 시어에 걸리지 않는다. 간단하게 말해 AK가 연속사격이 불가능한 볼트액션 소총이 되어버린다는 것이다. 실제로 지금까지 시어 스프링이 부러진 경험이 두 번 있다.

사격장에서 벌어지는 가장 잦은 AK관련 사고는 화상이다. 사실 한여름에 AK-47을 30발쯤 연속으로 쏴 대면 이미 맨손으로 잡기 힘들 만큼 총열덮개가 달아오른다.

한 세 탄창쯤 재빨리 쏴대면 덮개로부터 연기가 피어오르기 시작해 장갑 없이는 도저히 잡을 수 없는 상태가 되어버린다.

사실 M4가 총열덮개 안에 2중 방열판이 설치된 것을 보면 이런 과열은 AK만의 문제는 아니다. 하지만 여기에 더해 중국제 56식의 개머리판은 2~3천발쯤 쏘면 나사가 풀려 느슨해진다.

금속제 접절식 개머리판은 이렇게 쏘면서 느슨해질 가능성은 적지만 AK-47이나 AKM의 접절식 개머리판이 가진 원래의 덜그덕거림은 그러잖아도 나쁜 명중률을 더욱 악화시킨다.

또 AK의 기본인 긴 30발 탄창을 장착한 상태로 라이플 사격용 벤치에 놓으면 탄창이 방해가 되어 자세잡기가 어려워지기 일쑤다. 그렇다고 벤치의 높이를 AK를 위해 따로 조절하기도 귀찮다. 미국에서 10연발이나 20연발 AK용 탄창이 따로 팔리는 것도 사실 이 때문이다.

결론

1억정이 만들어진 베스트셀러라는 영예를 안은 총에 불만을 늘어놓는 기사가 되었지만 무슨 총에도 약점은 있으니 소개할 필요는 있다.

원래 미국의 총기 전문지들에서 나오는 실총 소개기사는 업체의 지원을 받는게 많아 "쏴보니 좋더라" 뿐인 기사도 많다.

하지만 필자처럼 관광객을 상대로 미국에서 사격 투어를 운영하는 입장에서는 몇 년에 걸쳐 수만발을 쏴대며 이런 전문지들에서 일부러 말하지 않거나 미처 발견하지 못한 다양한 총의 약점을 발견하게 된다. 게다가 이런 총들은 업체가 공짜로 주는게 아니라 멀쩡한 내 돈을 주고 사니 불평할 권리도 얼마든

지 있다.
미국에는 AK용 옵션부품이 풍부하다. 이것들을 사서 끼우면 훨씬 쓰기 편해진다. 하지만 오리지널과 모양이 달라지면 매력도 줄어든다. 많은 사람들이 오리지널 디자인의 총을 쏘고 싶어한다.
AK가 적잖은 문제를 안고도 여전히 제1선 총기로 활약하는 것은 작동성능을 중시한 터프함 때문일 것이다. 가혹한 환경에서도 확실히 작동하는 것은 군용총기의 중요한 요소다. 좀 쓰기 불편해도 급할 때 못 쏘는 것 보다는 낫다. 작동성능만큼은 AK가 세계제일이다.
하지만 그 작동성능을 유지하면서 조작성이나 안전성, 정밀도까지 높아진다면 완벽한 돌격소총이 나올 것이다. 칼라시니코프 본인은 세상을 떴지만 콘체른 칼라시니코프의 개발 스탭, 혹은 AK계열 소총을 만드는 수많은 업체의 기술자들이 이것을 목표로 개발을 계속 했으면 한다.

협력: 데저트 슈팅 투어
http://desertshooing.com/

AK47 (56식)의 상부 덮개를 연 모습.
당연하지만 이 상태에서도 사격은 가능하다. 강력한 복좌 용수철과 무거운 노리쇠, 노리쇠 뭉치 등의 구성으로 AR15 계열에서 발생하는 폐쇄 불량같은 기능고장이 일어날 가능성은 매우 낮다.

약 300발을 발사한 후의 상태. 노리쇠와 노리쇠 뭉치 주변에 탄매가 낀 모습을 볼 수 있지만 이런 상태에서도 문제없는 작동을 보여준다.

대구경의 가스 피스톤은 실린더와의 사이에 충분한 공간을 갖고 있어서 800발 정도의 사격이 진행된 상태에서도 탄매가 많이 발생하지 않는다. 이 구조가 AK 계열의 신뢰성을 말해준다고 볼 수 있다. 필자의 경험 상 1500 발 이상의 연속 발사도 문제없었다.

노리쇠와 노리쇠 뭉치 자체도 그다지 더럽지 않다. 더러워진다 해도 청소용 기름을 바른 천으로 가볍게 닦아내는 정도로 충분하다.

목재 총열덮개는 총열에 가깝게 설계되어 있어 사격 시 발생하는 열이 쉽게 옮겨오게 된다. 이 점은 AK 계열의 단점 중 하나이지만 타사에서 제작한 별매 총열덮개를 사용하여 해결할 수 있다.

AK계열의 상징이기도 한 목재 고정식 개머리판과 총몸을 연결하는 나사는 사격 시 반동에 의해 느슨해지는 경우가 많으며 땅이나 벽에 부딪히거나 충격을 받을 때에도 안 좋은 영향을 받아 실용성 면에서 낮은 점수를 받는 부분이다.

AK계열의 방아쇠는 원스테이지(1단계)식 타입으로 방아쇠가 풀리는 격발 순간을 잡기 어려워 정밀사격에는 적합하지 않다.

AK계열의 가늠자는 AR 계열의 것보다 앞쪽에 위치하여 넓은 시야를 확보할 수 있다. 전투 시 미터 표시의 가늠자는 직관적인 거리 조정에 도움이 되지만 AK계열의 성능을 생각해본다면 300m 이상의 가늠자는 크게 도움이 되지 않는다고 봐야 한다. 특히 초보자라면 실제 거리보다 높게 착탄시키는 경우가 많다.

AK계열 중 하나인 중국제 56식은 가늠쇠가 가늠쇠울에 완전히 덮여진 디자인을 갖추고 있는 덕분에 빛을 받아도 반사되지 않고 햇볕이 강한 라스베가스에서도 가늠쇠 보기가 쉬웠다.

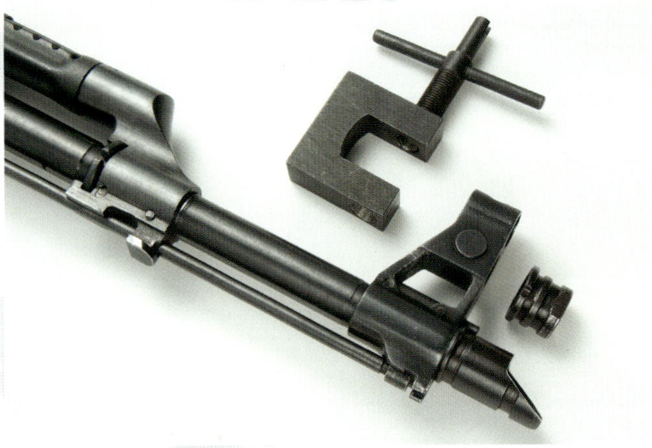

수천 발의 발사를 거치면 반동에 의해 가늠자/가늠쇠의 조정이 어긋나게 되므로 영점 조정을 정기적으로 행해야 하며 이때 전문 도구(위)를 사용하는 것이 좋다. AR계열처럼 클릭 방식으로 정밀 조정을 할 수 없는 점은 큰 단점이다. 56식 소총은 기존의 AK계열의 소염기에 비해 좀 더 대각선으로 절단된 AKM 계열의 유형의 소염기를 가지고 있지만 반동 억제의 효과가 그렇게 크지는 않다.

AK계열은 튼튼하고 잔고장이 없는 총이라는 인상이 강하지만 의외로 격발기구의 내구성은 약한 편이다. 용수철 부품은 모두 스테인레스 부품으로 교체하는 것이 좋다. 이 총의 시어와 방아쇠는 벌써 3번이나 교체한 것이다.

AK계열 총기를 구입하면 반드시 대검이 따라온다는 소문이 있는데 이것은 보통 중국제 SKS나 56식 구입자에 대한 서비스이다. 날의 상태도 매우 좋지만 사격장에서는 딱히 쓸 일이 없다.

AK47과 M16의 문제 발생빈도와 주요 원인들

빈도 기준 : 많음 ◎ 비교적 많음 ○ 적음 △ 전혀 없음 혹은 경험없음 ×

문제	AK47(56식)	M16(AR15)
오발	○ 탄창 결합 불량 △ 시아 용수철 파손 △ 탄알의 훼손, 오염	◎ 장전손잡이 조작에 의한 폐쇄 불량 ※ 1) ○ 공이 손상 ○ 공이치기 손상 (마모) ○ 탄창 결합 불량 ○ 노리쇠 링 마모 △ 노리쇠 및 노리쇠 뭉치 주변의 오염 △ 고정 핀리 손상 △ 탄알의 훼손, 오염 △ 하부 리시버 내 이물질 침투에 의한 방아쇠 작동 불량
폐쇄불량	△ 노리쇠 및 노리쇠 뭉치 주변의 오염 △ 탄창의 변형(일그러짐 등) △ 약실 내 이물질 침투 △ 탄알의 훼손, 오염	◎ 장전손잡이 조작에 의한 폐쇄 불량 ※ 1 ○ 노리쇠 및 노리쇠 뭉치 주변의 오염 ○ 노리쇠 (본체, 잠금 러그 부분) 손상 ○ 탄창의 변형 (20발 탄창의 경우) ○ 탄창 용수철 고장 △ 약실 내 이물질 침투 △ 탄알의 훼손, 오염
탄피배출불량	△ 노리쇠 및 노리쇠 뭉치 주변의 오염 △ 용수철 고장 △ 약실 내 탄피 걸림 ※ 2) △ 탄알 장전 시 압력 부족	○ 용수철 고장 또는 마모 ○ 노리쇠 링 마모 ○ 노리쇠 및 노리쇠 뭉치 주변의 오염 △ 탄알 장전 시 압력 부족
부품 결합불량	○개머리판 고정나사	○ 카빈 계열의 리시버 고정나사 (완전자동 사격 시) ○ 권총 손잡이 고정나사
폭발 (장탄 직후)	× 경험 없음 (인위적 실수 제외 ※ 3)	× 경험 없음
폭발 (초탄 발사 후 폭발)	△공이치기, 디스커넥터 마모	△공이치기, 디스커넥터 마모
기관부 (총신 부분) 손상	× 총열 내 탄 걸림, 물, 진흙 침투 포함※ 4	× 총열 내 탄 걸림, 물, 진흙 침투 포함※ 4
사용자 부상	○총열 및 핸드가드 주변 가열에 의한 화상 △노리쇠 조작시 조정간에 닿아 생기는 상처	△초기 AR-15는 왼손잡이 사수가 탄피에 맞아 화상을 입기도 했슴 △총열 및 핸드가드 주변 가열에 의한 화상

※ 1) 장전 손잡이를 확실하게 조작하지 않아 (더러운) 노리쇠가 불완전 폐쇄됨
※ 2) 철제 탄피를 사용한 탄약의 경우
※ 3) AK47은 장탄 시 조정간을 안전으로 조정하지 않으면 안되기 때문에 인위적으로 오발 사고를 유발하기 쉽다.
※ 4) 불량탄, 재장전 실수, 권총용 화약 혼용 등으로 발생할 수 있다.
대상 발사 수 : AR15 (M4, M16) 242,560 발 / AK47 (56 식) 49,830 발

이스라엘제 갈릴 소총을 살펴보면 조정간을 비롯하여 AK계열의 여러가지 약점을 개선한 설계를 채용한 것을 잘 알 수 있다.

5.11
2012

AK소총의 사격체험

Satoshi Matsuo
협력: 라스베가스 데저트 슈팅 투어

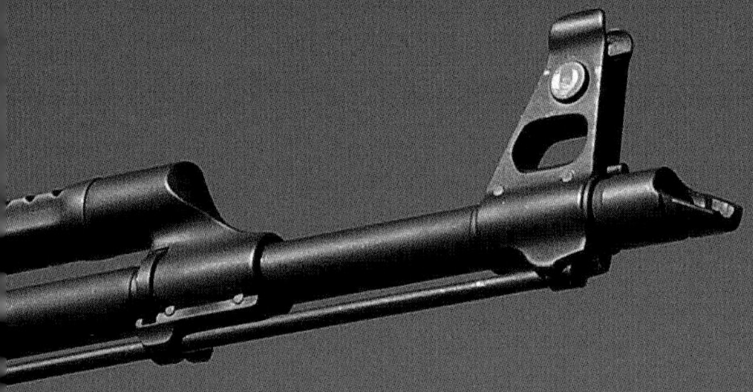

미하일 칼라시니코프가 개발한 AK시리즈는 본인의 의지와 상관없이 구 공산권 여러 나라에서 카피되어 막대한 양이 만들어졌다. 지금도 이런 상황이 계속되면서 총 생산량은 1억정 이상으로 추정되지만 정확한 숫자는 모른다. 대략 그 정도 되리라는 것이지 실제로는 그 이상일 가능성도 높다. 이 많은 AK오리지널과 카피들 중 일부는 몇몇 나라의 국가전략으로 여러 나라의 무장조직에 공급되어 수많은 분쟁에 쓰였다. 경우에 따라서는 독재에 시달리는 사람들이 자유와 평화를 되찾기 위해 쓰였지만 반대로 종교나 경제 갈등을 격화시켜 수많은 사람들을 죽게 만드는 비극의 원흉이 되기도 했다. AK와 그 '클론' 을 전 세계에 뿌려댄 나라들은 자국의 이익, 그리고 한때 대치했던 서방국가들이 입을 타격을 노렸지만 그 총들이 어디까지 갈지는 생각하지 않았다. 전 세계에 퍼져 테러리스트의 손에 들어간 AK를 통제하려면 엄청난 노력이 필요하다. AK를 뿌려댄 나라들 중 대부분은 이런 뒷처리는 생각도 않았다.일본의 언론매체는 미국을 총기대국이라고 부르며 총이 일상생활 속에 만연해 총기 난사가 빈번한 지극히 위험한 나라라고 보도하기 일쑤다. 이것은 사실과는 다르다. 사실 미국 정도면 총기가 꽤 규제되는 편이다. 선량한 시민이 가진 총기 중 범죄나 폭력에 사용되는 비율은 아주 낮고, 일상생활에서 총기 범죄에 휘말릴 위험도 아주 적다(전혀 없지는 않지만). 비합법적인 AK로 무장한 테러리스트도 미국에는 없다(…없겠지). AK는 미국에도 많이 있지만 그 절대다수는 합법적으로 수입된, 혹은 922r규정에 따라 합법적으로 조립-판매되는 AK다. 일본 언론이 총기대국이라고 부르는 미국이라도 잠깐 들른 여행자가 간단하게 총을 잡고 쏠 수는 없다. 대여 총기가 있는 사격장도 있지만 일부 관광지의 총을 와이어로 묶어둔 곳을 빼면 그 숫자가 그리 많지 않다. 주에 따라 규제도 드라지만 여행자가 맘대로 사격할 곳은 의외로 제한되어있다. 이런 것만 봐도 일본의 언론매체는 일부러 사실을 왜곡하고 있다.

총에 흥미가 있다면, 그리고 정확한 지식을 원한다면 AK소총은 실제로 쏴볼 필요가 있는 총의 하나다. 총기 전문지나 전문서적을 읽으면 AK에 대한 지식은 제법 얻을 수 있다. 그 구조 역시 정확한 분석능력과 다소의 상상력, 그리고 끈기가 있다면 부품 하나하나의 역할까지 정확히 파악할 수 있다 하지만 '백문이 불여일견' 이라고, 실물을 잡고 보는 것은 전혀 다르다. 어떤 지식과 상상력도 실제로 노리쇠를 당기는 감촉까지 정확히 전달하지는 못한다. 약실에 실탄이 들어가는 소리와 감촉, 표적을 실제로 조준할 때의 가늠자의 떨림, 방아쇠의 느낌, 총성, 순간적으로 덮쳐오는 반동, 그 어떤 것도 활자나 사진으로 보는 지식과 상상력만으로는 이해할 수 없다. 설령 유튜브를 본다 한들 이런 시각적 지식이 아닌 실제 느낌은 다르다. 지식은 경험이 될 수 없다.

미국 라스베가스에서 AK를 쏜다. 그러면 그 동안의 지식이 경험으로 진화한다.

라스베가스는 이상한 도시다. 처음 갔을 때는 LA로부터의 국내선 항공편을 썼다. 약 1시간의 야간 비행 후 아래에 빛나는 거리가 보인다. 깜깜한 공간에서 갑자기 인공의 빛으로 뒤덮인 도시가 나왔다. 그 도시 경계선이 너무 분명하다. 0과 1로 나뉜 디지털의 세계같았다. 어둠이 점점 밝아지더니 마침내 도시가 나오는 것이 아니다. 다음날 아침, 시내에서 비행기 창문으로 보인 경치가 무엇인지 알았다. 직선의 빛으로 풍경을 가른 모서리는 도로, 그 너머에 보이는 것은 사막이다. 사막 한가운데에 지어진 인공의 도시. 인간의 생활공간과 사막은 애매하게 공존하는 것이 아니라 확실히 나뉘어 있다.

이 도시에는 정말 많은 건샵이 있다. 숫자 자체는 손으로 꼽을 정도지만 밀도는 LA와는 비교도 안된다. 그중

5.11

상당수가 사격장을 갖추고 완전자동식 소총이나 기관단총을 쏠 수 있다. 여기서는 맘편하게 쏠 수 있지만(물론 안전대책은 철저하게 지키자!) 단단한 콘크리트로 지어진 어두운 실내 사격장보다 넓은 야외에서 사격하는 쪽이 낫다. 닫혀진 공간에서는 위력 낮은 .22LR조차 엄청난 총성으로 느껴진다. 총의 파워는 폐쇄공간에서 몇배나 강하게 느껴진다. 반면 넓은 야외사격장에서의 느낌은 전혀 다르다.

라스베가스의 데저트 슈팅 투어는 한때 자위대원이던 일명 캡틴 나카이씨가 운영하는 야외사격 투어다. 야외사격장인 Boulder Rifle and Pistol Club을 사용한다. 이 사격장은 라스베가스 시내에서 차로 약 30분쯤 떨어진 사막에 있어 거리 800m(어째서인지 미국인데도 이 사격장은 미터 단위다)까지 표적이 설치되어 있다. 그 너머 몇 킬로미터까지 인공 건축물이 없다. 그 넓이는 일본인의 상상을 초월한다. 시간과 여유가 있으면 여기서 총을 쏘기를 추천한다. 미국에서 일반 외국인 여행자가 이 이상의 환경에서 사격할 수 있는 장소는 없을 것이다. 물론 멋대로 쏘면 안된다. 캡틴 나카이씨의 엄격한 안전관리를 받고 안전하게 사격을 즐겨야 한다.

미하일 칼라시니코프의 유작인 AK도 데저트 슈팅 투어에 갖춰져 있다. 이번에 리포트한 중국 Norinco의 56식 소총은 지금은 이곳에 없지만, 불가리아제와 미국제 부품을 섞어서 만든 AK-47(7.62x39mm)와 AK-74(5.45x39mm)가 있다.

5.45x39mm의 실사체험은 의외로 어렵다. 5.45mm는 7.62x39mm보다 압도적으로 쏘기 쉽다. 반동이 낮다. NATO의 5.56mm와는 총이 다르니 그대로 비교하기는 어렵지만 M4와 비교해도 반동이 낮은 느낌이다. 이것은 독특한 총구 제퇴기 덕분일지도 모른다. 데저트 슈팅 투어에서 쓰는 5.45mm는 러시아제 FMJ 53gr(그레인)이다. 5.56mm는 55gr의 M193과 62gr의 M855를 쓴다. 반동이 가벼운 것은 탄자 무게가 가벼운 탓도 있다. AK계열의 오픈 사이트는 M4의 핍 사이트보다 조준이 불편하다. 그래도 AK-74는 200~300m정도의 인체 크기 표적에 제법 잘 맞는다. 물론 사격감의 개인차는 크다. 실제로 느껴보지 않으면 진정한 지식이 될 수는 없다. 가능하다면 데저트 슈팅 투어에 있는 5.56x45mm의 HK416이나 M4A1, AR15A2등과 비교해 러시아의 제식탄과 그것을 쏘는 소총에 대한 지식을 쌓기를 바란다.

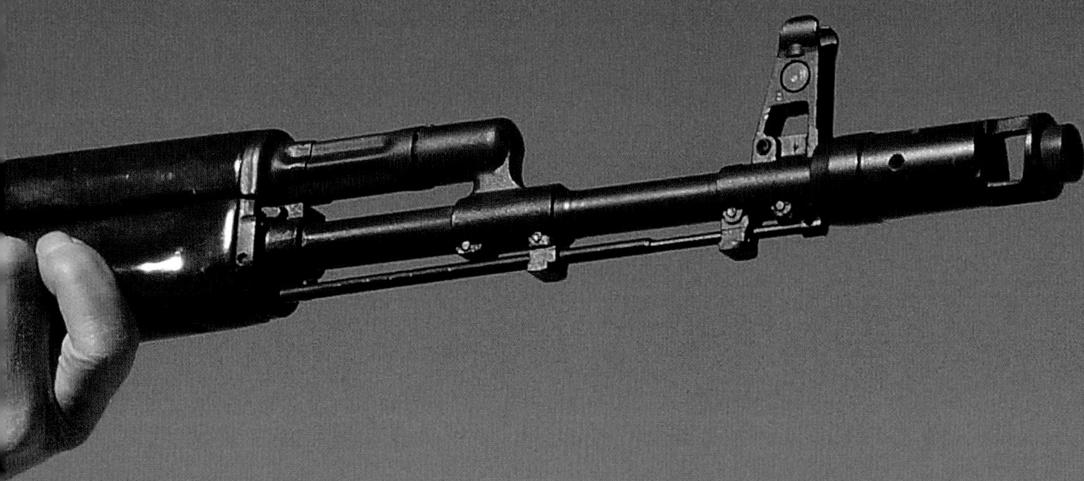

사격, 특히 소총은 야외에서 쏘는 것이 기본이다. 좁은 실내사격장에서 얻어지는 체험은 제한적이다. 끝없이 넓은 야외에서 쏘면 총에 대한 인상이 바뀐다. 바람이 불고 때로는 모래먼지가 덮칠지도 모른다. 한여름에는 타는 듯 덥고 한겨울에는 매우 춥기도 하다. 하지만 이것이 진정한 '사격'이다.

AK가 기본설계가 이뤄진지 60년이 넘도록 만들어지고 다음 세대로 넘어가는 이유도 여기서 쏴 보면 알 수 있을 것이다.

데저트 슈팅 투어

http://www.desertshooting.com/

◆ 예약 문의

미국 서부시간 기준

4 PM~10PM 한국 시간 9 AM~2PM

◆ 미국 내 무료 전화

1-800-615-0239

◆ 일반 국제 전화

1-702-737-7503

◆ 입장료 1인

$ 45

(셔틀버스, 귀마개, 슈팅 글라스,

보험료 포함) + 총기 대여비 + 탄약 구입비

총기 대여비 + 탄약 구입비 예시

AK47	7.62×39mm	20발	$55-
AK74	5.54×39mm	20발	$55-
SR-25	7.62×51mm	10발	$70-
HK417	7.62×51mm	10발	$60-
HK416	5.56×45mm	20발	$55-
Colt M4A1	5.56×45mm	20발	$55-

AK소총의 사격체험

▲사격시의 느낌이 매우 뛰어는 아스널 USA사의 SLR-106FR

AK의 약점

Free Floating Firing Pin

E.Morohoshi

▲노리쇠를 후퇴시켜 탄피를 배출시키는 순간. 팔 윗쪽으로 탄피가 날아오르는 것이 보인다.

AK소총이 가진 약점중 하나이자 AK의 오너가 알아야만 하는 것이 리이 총의 특징 중 하나인 프플로팅(Free Floating)식 공이다. 이것은 AK소총을 다루는데 매우 중요한 요소이다.

대부분의 클로즈드 볼트 방식 반자동 소총, 혹은 완전자동 소총의 공이 앞부분은 노리쇠 내부에 끼워진 공이 스프링의 힘에 의해 노리쇠 앞으로부터 충분히 떨어진 위치를 유지한다.

이 때 공이 스프링에는 아주 중요한 역할이 있다. 해머가 때릴 때 이외에는 공이를 노리쇠 뒤쪽의 위치에 유지시키는(즉 안전한 위치에 유지시키는) 것이다.

이것은 보통 때에도, 노리쇠가 움직일 때에도 마찬가지다. 탄을 약실에 장전할 때 노리쇠는 완충 스프링의 힘으로 맹렬한 속도로 전진, 폐쇄되며 급정지한다. 이 때 공이까지 관성으로 전진해서 오발사고가 나면 안되는 것은 당연한 이야기다.

하지만 총에 따라서는 실제로 장전할 때 공이 스프링이 있어도 공이에 가해진 관성이 스프링의 힘보다 강력하기 때문에 뇌관에 닿을 때도 있다. 특히 뇌관이 예민한 탄을 쓰는 경우에는 아주 드물기는 하지만 이 때 오발사고가 나기도 한다.

이처럼 장전시에 뜻하지 않게 격발이 되는 경우를 슬램 파이어(Slam fire)라고도 한다.

자동/반자동 소총에서 일단 장전된 탄을 약실에서 다시 꺼내 뇌관을 살펴보면 많은 경우 공이가 뇌관에 닿았던 흔적이 보인다. 물론 슬램 파이어를 일으킬 정도가 아닌 미세한 경우라도 기분이 좋지는 않다.

▲ 일단 약실에 탄약을 장전한 후 격발하지 않은 상태로 다시 노리쇠를 후퇴시켜서 배출시킨 각종 탄약들. 왼쪽부터 AR-15, SLR-106FR, SAR-1 (7.62mm AK 카피 총기 : 공이 용수철 없음). AR과 SLR에서 꺼낸 탄약의 탄피에는 압흔이 희미하지만 스프링이 없는 SAR-1에서 꺼낸 탄피에 생긴 압흔은 무서울 정도로 깊은 것을 알 수있다.

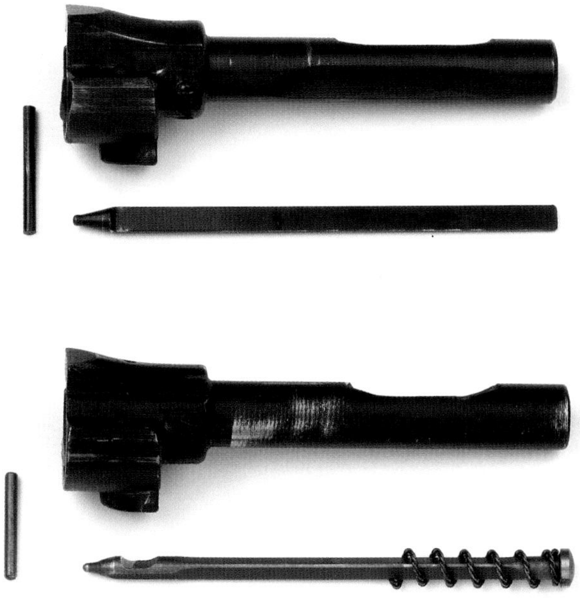

▲ 루마니아제 7.62mm AK 인 SAR-1 (위)과 5.56mm SLR-106FR의 노리쇠와 공이 핀 (아래). SLR-106FR은 공이 핀 용수철이 추가되었다. 앞쪽에 있는 작은 핀은 공이 핀 고정 핀

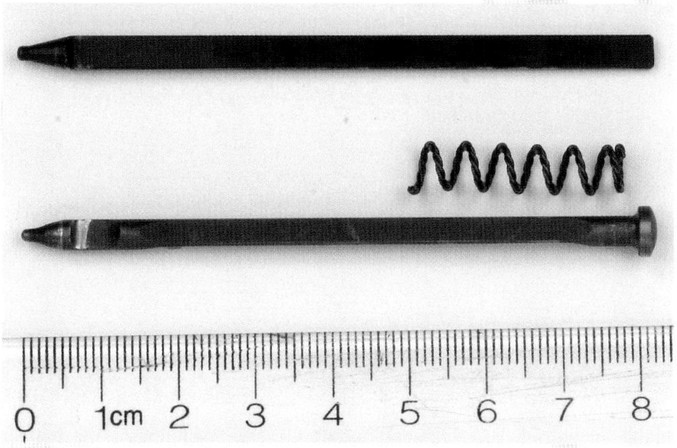

▲양쪽 총기의 공이 표면. 모양새에 큰 차이는 없다.

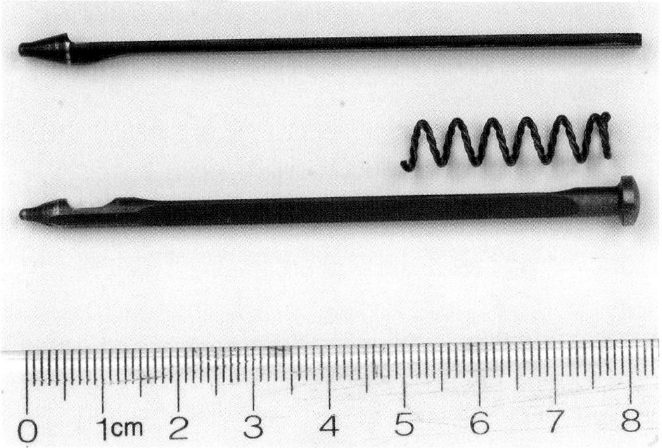

▲측면에서 보면 일반 AK (SAR-1)의 공이가 평판 형태인데 반해, SLR-106FR의 것은 단면이 삼각형으로 되어있는 것을 알 수 있다. SLR-106FR은 공이 핀 용수철 덕분에 공이 핀의 질량 감소에 상관없이 두께를 늘리고 강도를 확보하고 있다. 원조 AK의 공이 핀 무게가 무게 4.6g이며 SLR-106FR의 공이 핀 무게는 5.6g이다. (사진은 실제 크기)

AK및 그 클론들은 공이 스프링이 없는 프리 플로팅 방식이다. 쉽게 말해 장전될 때 공이가 스프링의 제어 없이 직접 뇌관에 닿을 수 있다.

공이 스프링을 없앤 것은 물론 제조공정을 단순화한 것이지만 당연히 7.62×39mm(M43)나 5.45×39mm(M74)탄의 뇌관 제원을 감안해 충분히 안전하다고 생각해서 그랬을 것이다.

이처럼 프리 플로팅 공이를 가진 AK의 안전성은 공이 자체의 질량에 큰 영향을 받는다.

공이의 질량을 최대한 가볍게 해야 슬램 파이어의 위험이 줄어든다. 이 때문에 AK는 공이의 두께를 최대한 깎아내었는데, 이러다 보니 강도가 부족해 공이가 부러지기 쉽다는 약점이 생겼다.

게다가 공이 문제는 여기서 끝나지 않는다. 반자동 AK클론이 미국에 수입되자 서방제의 민감한 뇌관과 맞물려 슬램 파이어 사고가 발생하기 시작했다. 뇌관과의 '궁합' 도 감안해야겠지만, 수만발에 한번 꼴로 슬램파이어가 발생했다는 보고가 나올 정도다.

필자가 아는 사격 교관에게 들은 이야기이지만 사격장에서 실제로 노린코제 반자동 56식등 AK클론이 초탄 장전시에 슬램파이어를 일으킨 것을 직접 봤다고 한다. 심지어 10년 사이에 세 번이라니, 확률이 높은데 놀랄 따름이다.

하지만 슬램 파이어의 원인이 관성때문에 공이가 뇌관을 때리기 때문만은 아니다.

공이를 포함한 노리쇠 주변의 청소를 게을리한 채 쏘다보면 카본이나 화약 찌꺼기등이 공이 주변에 쌓여 공이의 움직임이 둔해진다.

이런 상태가 악화되다 보면 최악의 경우 공이가 제대로 움직이지 않아 그대로 노리쇠 밖에 돌출된 채, 즉 격발 위치에 고정된 채가 된다.

이렇게 되면 공이의 질량이나 관성따위에 관계없이 탄의 장전과 동시에 격발이 되고 만다.

확실히 이런 현상의 원인은 청소를 안한데 있다. 공이 주변이 이처럼 더러우면 공이 스프링이 있어도 발생할 수 있다.

하지만 스프링이 아예 없는 구조라면 공이의 움직임이 굳어버릴 가능성은 더욱 높아진다. 따라서 AK계열 소총을 조작할 때에는 슬램 파이어의 확률이 다른 총보다 높다는 사실을 늘 염두에 두어야 한다.

물론 며칠, 혹은 몇주일에 걸쳐 1천발 이상을 청소도 없이 쏠 수 있다는 AK인 만큼 그토록 간단히 슬램 파이어가 일어날 것 같지는 않다. 적어도 그 가능성이 다른 총보다는 높다는 이야기다.

불가리아 아스널사의 AK클론인 SLR-106FR은 콘체른 칼라시니코프(구 이즈매쉬)제 AK 센츄리 시리즈에 대항하는 불가리아판 현대화 AK다. 이 모델은 AK로는 최초로 공이 스프링이 채택됐다. 슬램 파이어의 가능성도 다른 총 수준으로 떨어졌다. 이것은 AK팬 및 오너들에게는 좋은 소식이다.

AK도 다른 총들처럼 개량의 여지가 충분하다. AK의 설계자 미하일 칼라시니코프는 죽었지만 AR계열처럼 AK도 앞으로 계속 쓰일 것이다. 앞으로의 진화를 기대해보자.

AK소총의 방아쇠 시스템

E.Morohoshi

안전 상태

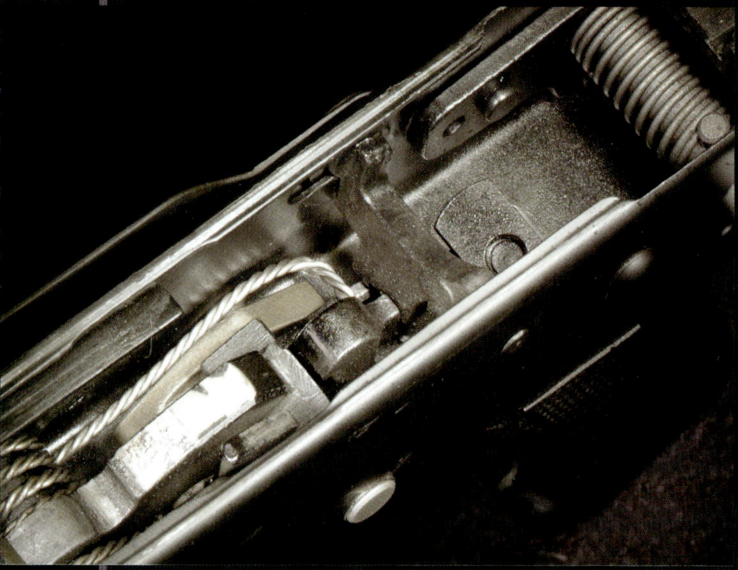

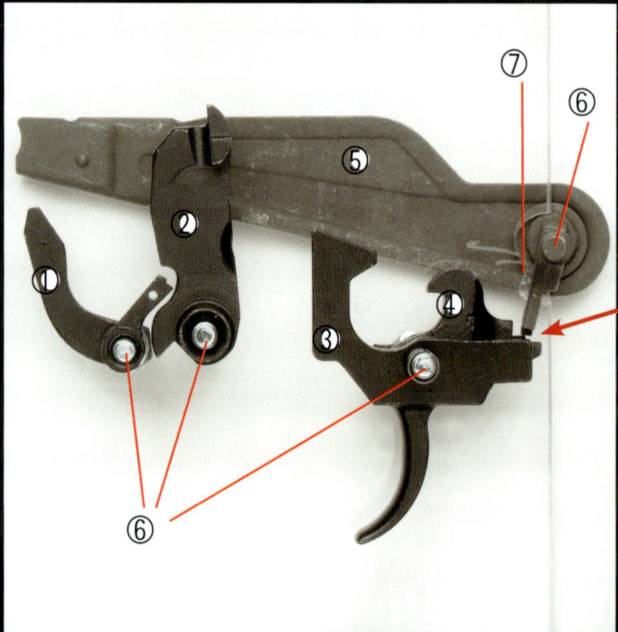

▲ ① 오토 시어, ② 공이치기, ③ 방아쇠, ④ 디스커넥터, ⑤ 조정간, ⑥ 축, ⑦ 조정간 뒷부분
오토 시어와 방아쇠는 각각의 축을 중심으로 사진 상에 보이듯이 시계바늘 회전방향의 용수철 장력이 걸리며 공이치기와 디스커넥터는 시계바늘 반대 방향의 용수철 장력이 걸려있다.
조정간이 안전 위치에 있을 때, 조정간 뒷부분이 방아쇠 후방을 억제하여(화살표) 방아쇠의 움직임을 봉쇄하고있다.

단발 상태

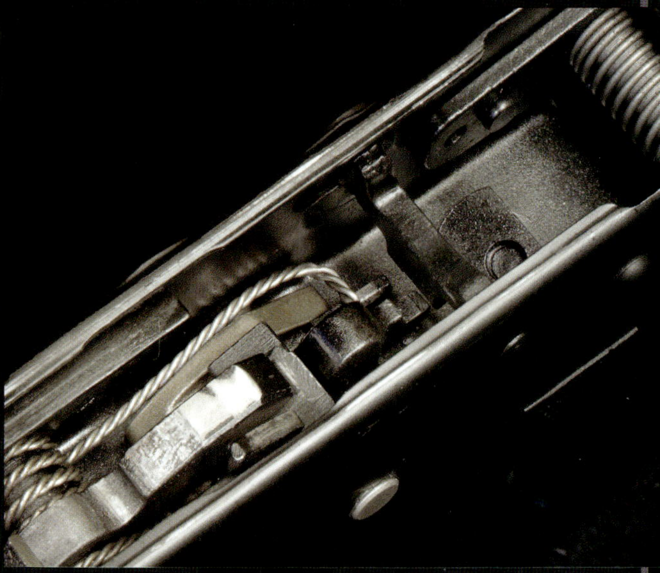

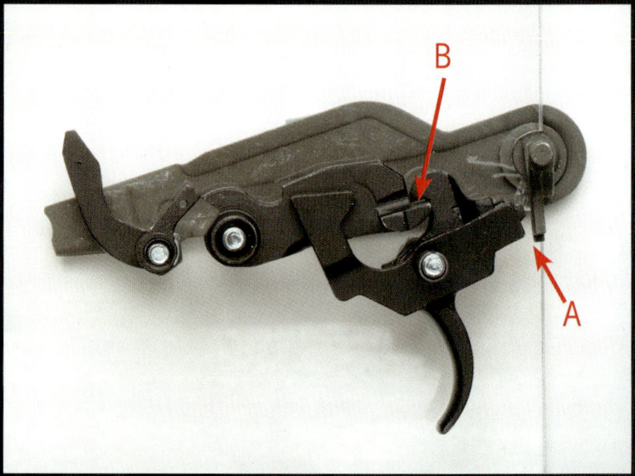

▲ ① 조정간 끝 부분은 방아쇠 뒷부분과 디스커넥터 뒷면에서 분리되기 때문에(화살표 A) 양자의 움직임을 방해하지 않는다. 발사 가스의 압력으로 후퇴한 노리쇠 뭉치가 공이치기를 코킹하면 디스커넥터가 공이치기를 붙잡아(화살표 B) 공이치기가 코킹 위치를 유지하게 한다.

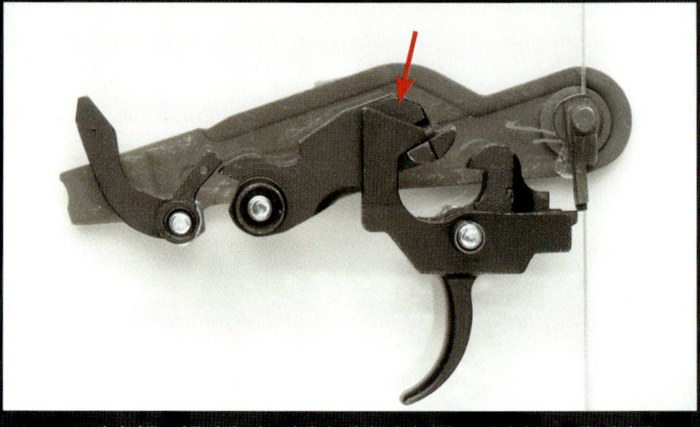

▲② 방아쇠를 되돌리면 디스커넥터 대신 방아쇠가 공이치기를 코킹 위치에 유지(화살표).

연발 상태

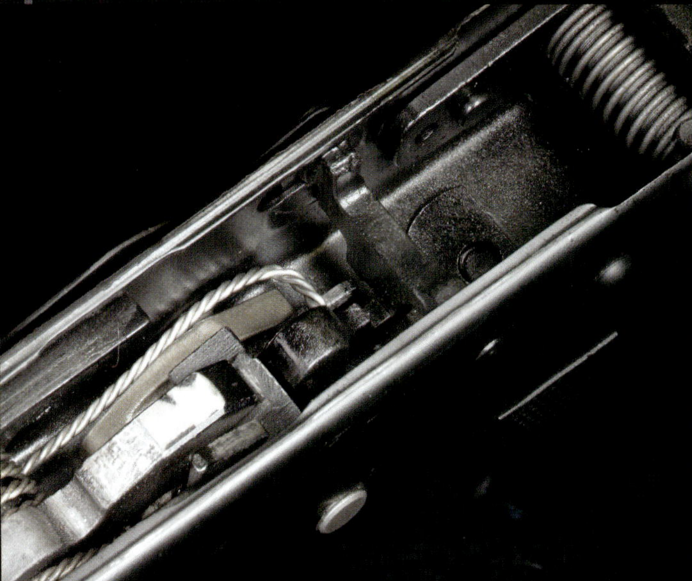

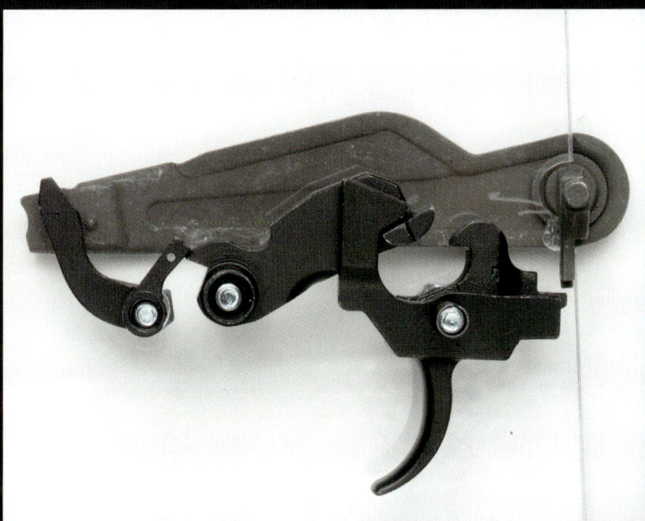

▲ ① 장전 손잡이를 조작하고 초탄을 약실에 장전. 노리쇠 뭉치를 통해 코킹된 공이치기는 방아쇠에 의해 코킹 위치에 위치한다. 조정간 끝 부분은 방아쇠 후방에서 이동하여 방아쇠 작동 상태가 된다.

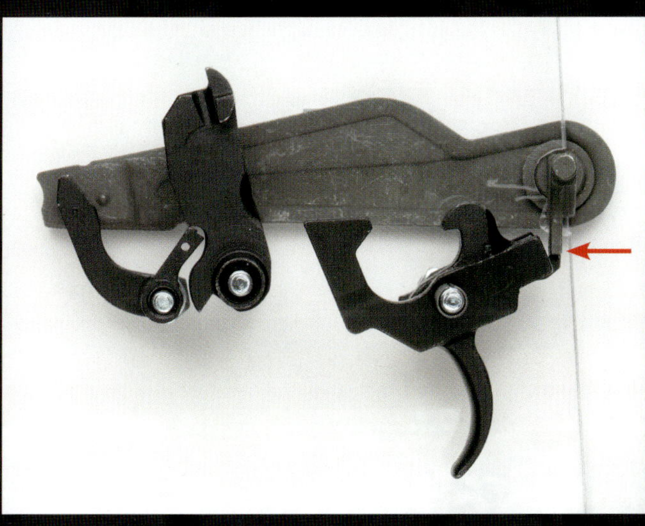

▲ ② 방아쇠를 당기면 해제된 공이치기가 공이를 두들겨 탄약을 발사한다. 조정간 뒤쪽 디스커넥터 후방에서 디스커넥터의 작동을 봉쇄하고 있다.

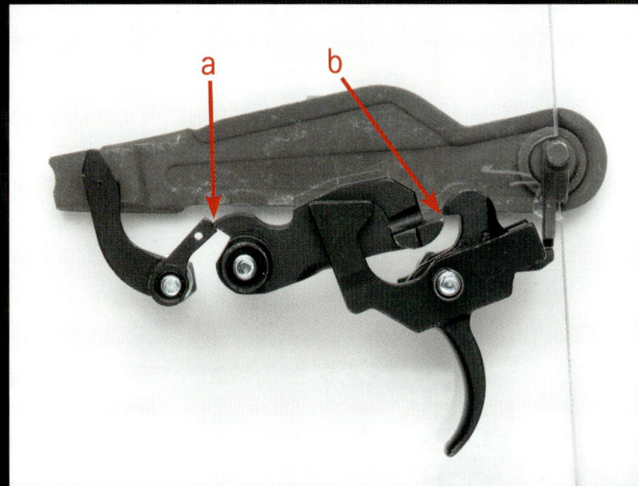

▲③ 발사 가스의 압력으로 후퇴한 노리쇠 뭉치가 공이치기를 코킹하면 자동 시어 뒷부분이 공이치기를 잡아(화살표 a) 공이치기를 코킹 위치에 유지한다. 디스커넥터는 조정간 뒷부분에 의해 작동이 봉쇄되어 있기 때문에 공이치기의 회전권 외에는 공이치기와 접촉하지 않는다(화살표 b).

▲ ④ 노리쇠 뭉치는 작동 (반동)시 용수철 장력에 의해 전진하고 폐쇄 위치에 도달하는 때 오터 시어를 트립하여 (화살표) 풀어진 공이치기가 공이를 두드리고 탄약을 발사하게 한다. 방아쇠를 당기는 작동을 계속하면 잔탄이 존재하는 한 ③④의 사이클이 반복된다.

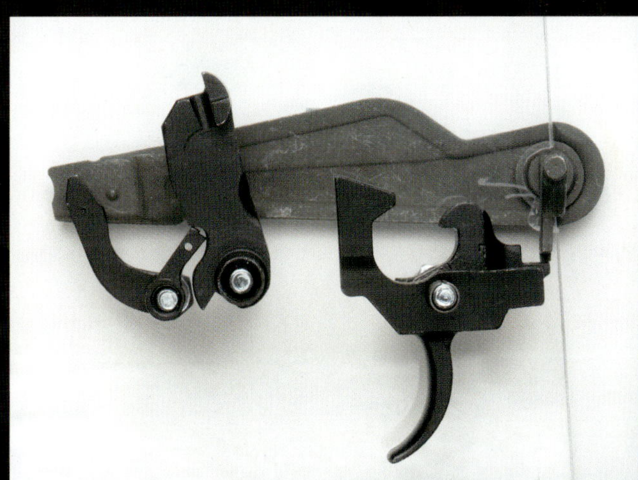

▲ ⑤ 방아쇠가 돌아온 상태

「칼라시니코프의 생애」

시베리아 추방

미하일 티모페예비치 칼라시니코프는 1919년 11월 10일에 러시아-소비에트 사회주의 공화국(당시에는 이렇게 불렸다) 알타이 지방 큐라 마을의 농가에서 태어났다. 18형제의 8번째로 태어났다고 하지만 확실하지는 않다. 어쨌든 태어난 아기들 중 대부분은 살아남지 못했고 무사히 성인이 된 것은 미하일을 포함해 8명 뿐이었다.

미하일의 부모인 티모페이 알렉산드로비치 칼라시니코프와 알렉산드라 프롤로브나 칼라시니코바는 원래 흑해 지방의 크라스노달에 살던 빈농이었다. 이 지역은 러시아에서는 비교적 따뜻한 곳이었다. 1910년, 알타이 지방으로 이주하면 농토를 준다는 러시아 황제 니콜라이 2세의 방침이 발표됐다. 이것을 들은 티모페이 칼라시니코프는 보다 넓은 토지를 바라며 이주를 결심한다. 나라에서 이 정도 제안을 하지 않는 한 알타이같은 곳에 이주할 국민은 거의 없었다.

알타이 지방으로 옮긴 칼라시니코프 대가족은 작은 통나무집에 살며 성장한 아이들은 농사일을 도왔다. 미하일 칼라시니코프가 태어난 1919년은 이미 러시아 혁명이 일어난 뒤로, 혁명을 주도한 볼쉐비키(공산당) 정부의 적군과 반혁명파인 백군이 충동하던 내전의 시기였다.

러시아 국내는 혼란이 극에 달했지만 칼라시니코프 일가는 풍요롭지는 않아도 그럭저럭 행복하게 지낸 모양이다. 미하일 칼라시니코프는 허약해 어렸을 때 여러 병에 걸렸고 한 번은 죽었다고 생각해 관까지 짰던 일도 있는 모양이다.

1922년, 우리가 잘 아는 소비에트 사회주의 공화국, 즉 소련 체제가 완성됐다. 하지만 1년 뒤 소련을 주도한 레닌이 죽었다. 공산당 내의 권력투쟁 끝에 레닌과 가장 사이가 나빴던 요세프 스탈린이 최고지도자가 되었다.

1928년에 스탈린은 제1차 5개년 계획을 세웠다. 이것은 제2의 혁명이라 해도 좋은 것으로, 소련 사회를 크게 바꿨다.

이 때 중공업을 중심으로 하는 공업화 정책과 농업의 집단화가 밀어붙여졌다. 농업 분야에서 이 집단화는 '부농 박멸운동' 으로 불리며 소련의 농업에

칼라시니코프 박물관에 전시된 칼라시니코프의 어머니 알렉산드라 프롤로브나 칼라시니코바의 전시품들

칼라시니코프 박물관에 전시된 칼라시니코프의 아버지 티모페이 알렉산드로비치 칼라시니코프의 전시품들

칼라시니코프 박물관에 전시되어 있는 칼라시니코프가 16 살 때 손에 넣은 권총 브라우닝 M1922. 물론 당시의 실물이 아니라 동일 사양의 물품이다.

큰 영향을 끼쳤다. 공산당 간부들이 각 마을을 방문해 부유한 농민(부농)과 그렇지 않은 농민을 나눠 부농의 토지와 재산을 몰수한 것이다.

게다가 그 가족은 시민권까지 빼앗겨 시베리아로 강제추방됐다. 저항하면 '숙청' 이라는 명목의 죽음이 기다렸다.

이처럼 농민들로부터 몰수된 토지는 콜호즈라는 이름의 집단농장이 되어 농민들이 공동경영했다. 하지만 부농의 기준은 공산당 간부가 멋대로 정한 탓에 엄청난 혼란이 뒤따랐다.

부농으로 찍힌 가족은 그것만으로 모든 것을 잃었으며 이 가족을 옹호하는 사람들조차 시베리아로 보내졌다. 부유한 자가 무조건 나쁘고 그 재산을 빼앗아 가난한 자에게 나눠준다. 여기에 일말의 융통성도 없었다.

이처럼 스탈린 시대에는 공산주의가 가진 나쁜 점이 최악의 형태로 실현되었다. 게다가 부농을 찾아내는데 '밀고' 까지 사용됐다. 누군가 재산을 감추고 있다는 신고가 들어오면 그 당사자와 가족에게 비극이 찾아왔다. 흔히 말하는 '밀고사회' 가 된 것이다. 이것은 많은 사회주의 국가들에서 체제가 무너질 때까지 계속됐다.

"부농 박멸운동" 이 시작된 1929년, 칼라시니코프 일가는 아직 부농으로 분류되지 않았다.

하지만 9살의 미하일과 친하던 소녀의 가족이 재산과 시민권을 빼앗기고 강제이주당했다. 이것이 미하일의 가슴에 깊은 상처가 되었을 것이다.

1930년, 마침내 칼라시니코프 일가도 여기서 도망칠 수 없었다. 이들은 결코 부유하지 않았다. 대가족이 간신히 먹고 살기 위해 많은 토지를 경작해야 했을 뿐이다. 그야말로 먹고 살기 위해 필요한 수준일 뿐이었다.

하지만 칼라시니코프 일가는 재산을 빼앗기고 시베리아 툼스크 주의 니지나야 마호바야에 쫓겨났다. 처음에는 가축용 열차에, 그 다음은 썰매와 도보로 오랜 여행을 해야 했다.

이 때 농토를 지키려 저항했던 많은 농민이 처형 혹은 강제이주를 강요당했다. 강제이주에 직면한 농민은 140만이 넘는다고 하지만 정확한 숫자는 남아있지 않다.

강제이주당한 지역에서 부농 가족은 적의에 찬 시선에 직면했다.

비인간적인 환경 속이었지만 칼라시니코프의 아버지는 사람들의 규칙에 따르라고 가족들에게 말했다. 그렇게 해야 사람들의 적대감도 없어지리라고 생각한 것이다. 게다가 일해서 수확을 얻지 못하면 기다리는 것은 가족들의 죽음 뿐이었다.

강제이주에 직면한 그 해도 끝나고 수확도 거둬 한숨 돌렸다 싶을 무렵, 칼라시니코프의 아버지가 47세의 젊은 나이로 숨을 거뒀다.

그나마 강제이주당한 농민은 수용소에 갇히는 것은 아니었다. 혹한 속에서 가혹한 노동을 강요당했지만 인간으로서의 삶을 완전히 부정당한 것은 아니었기 때문이다.

아이들도 학교에 갈 수 있었으며 미망인이 된 칼라시니코프의 어머니도 몇년 뒤 우크라이나인 남성과 재혼했다.

탈주

1934년 여름, 14살의 칼라시니코프는 시베리아를 탈출했다. 고향인 알타이 지방 큐라 마을을 향해 엄청난 거리를 걸은 끝에 화물열차에 숨어탔다. 하지만 도착한 마을에는 행복하게 지냈던 집이 불타 흔적도 없어졌다.

기껏 도착한 고향마을이지만 그가 있을 곳은 없었고 결국 시베리아로 돌아가야 했다. 하지만 자유에 대한 욕망은 강해 1936년에는 다시 탈주했다. 이번에는 주도면밀하게 준비했다.

두 살 연상의 친구와 함께 행동하고 신분증명서를 얻기 위한 서류도 위조했다.

그 과정에서 그는 권총 한 자루를 손에 넣었다. 녹슨 브라우닝이었다고 하지만 이 권총에 대한 이야기는 꽤 애매하다. 녹슬어 움직이지 않던 총을 움직이도록 재생했다거나, 오발사고가 났다거나, 권총 소지 사실을 밀고당해 경찰에 조사받았다거나 하는 불확실한 이야기들이 섞여있다.

어쨌든 칼라시니코프와 총이 처음 연결된 첫 사례가 이 권총이다. 1936년 당시 소련의 농촌에 브라우닝 권총이 있는 것은 그리 이상한 일은 아니었다.

전차 조종사 겸 정비사가 된 칼라시니코프와 그의 동료 전차병들의 모습.
나강 리볼버를 가지고있는 것이 당시의 칼라시니코프이다.
1940 년이라는 글자가 보인다.

제정 러시아 시절 러시아군 장교는 권총을 직접 구입했다. 귀족계급의 부유한 장교는 러시아제 나강 리볼버 대신 유럽제 자동권총을 구입했다.

벨기에의 FN사제 브라우닝 M1900, M1903, M1910등 다양한 브라우닝 권총이 러시아에 수입되었다. 혁명의 와중에 귀족 장교들은 많이 죽었기 때문에 그들의 권총이 이곳 저곳에 남은 것도 이상할 것은 없다.

위조 서류로 새로운 신분증을 얻은 칼라시니코프는 권총을 가진 사실에 위험을 느끼고 일단 권총을 버린 뒤 마을로 돌아가야 했다. 하지만 칼라시니코프는 이 때 총이 가진 매력에 이끌렸다고 말한다. 그 기구와 작동성이 칼라시니코프를 사로잡은 것이다. 하지만 인권이나 법치따위는 전혀 신경쓰지 않던 시대에 권총소지 혐의로 경찰의 심문을 받은 칼라시니코프가 어째서 무사히 마을을 벗어났는지는 알 수 없다.

현재 칼라시니코프 박물관에는 당시의 권총과 동형이라는 이유로 브라우닝 M1922가 전시되어 있다. M1910의 총열과 슬라이드를 길게 늘인 총이다. 하지만 이 총은 제정 러시아 귀족출신 장교의 총이 될 수는 없다. 러시아 혁명 후 서방측은 소련을 경계하며 무기 공급을 중지했기 때문이다. 어째서 혁명 이후에 개발된 M1922가 소련에 있었는지는 의문이다.

카자흐스탄으로 옮겨온 칼라시니코프는 여기서 시베리아 철도 알마타 기관구 마타이 마을의 기술자가 됐다. 여기서 그가 맡은 일은 기관차 정비였다. 여기서 칼라시니코프는 기계와 친숙해질 기회를 얻는다. 불을 태워 얻어진 열 에너지를 고압 증기로 바꿔 방향과 양을 통제해 실린더에 보내면 피스톤의 왕복운동은 메인로드를 통해 바퀴에 전달해 회전운동으로 바꾼다. 여기서 얻은 지식이 가스압 작동기구를 총기에 적용하는데 중요한 밑바탕이 되었을 것이다.

어렸을 무렵 칼라시니코프는 아버지의 시계를 뜯었다가 재조립하는데 실패해 꾸중을 들었다고 회상했다. 분명 회중시계였을 것이다. 열살 때 재산을 모두 빼앗기고 강제이주 당했으니 분명 시계도 공산당에 압수당했을 것이다. 당시의 시계는 그 자체로 귀중품이었으니 말이다. 그렇다면 시계를 분해한 것은 그 이전일 것이다.

칼라시니코프는 소년시절부터 근처의 물건을 재료로 해서 생활에 필요한 것을 만드는 재주가 있었다. 시베리아 시절에도 학교에서 기계 공작을 배운 일이 있었지만 본격적으로 기계를 다룬 것은 16살이 된 뒤의 정비원 시절이었을 것이다.

이 시절에 소련에서는 스탈린에 의한 대숙청이 벌어졌다. 레닌이 죽고 난 뒤 권력을 잡은 스탈린은 권력 기반을 굳히기 위해 반대파를 반혁명 세력으로 몰아 134만명 이상을 체포, 그 절반 이상을 당장 처형하고 나머지도 강제수용소로 보냈다(처형당한 숫자가 200만을 넘는다는 주장도 있다). 숙청 대상은 공산당원뿐 아니라 군이나 문화인, 일반 시민까지 포함됐다. 심지어 스탈린의 심복들 중에도 스탈린의 지위를 넘볼 우려가 있는 인물은 싹을 자르는 의미에서 숙청해버렸다. 미성년자인데다 공산당원도 아닌 칼라시니코프가 대숙청의 영향을 받을 가능성은 낮기도 하지만, 위조서류로 신분증을 얻어 시베리아를 탈출한 칼라시니코프가 들키지 않고 생활을 계속한 것이 실은 대숙청 덕분일지도 모른다. 국가 운영에 지장이 생기고 경제활동이나 군사활동까지 심하게 정체될 정도의 대혼란이 벌어진 판이었다. 아무도 어린 기관차 정비사에게 주의를 기울일 틈이 없었을 것이다.

부상

1938년 가을, 18세로 소련군에 징병된 칼라시니코프는 기뻐했다. 군대에 들어가면 다양한 기술을 배울 수 있다고 생각했기 때문이다.

희망대로 그는 기관차 정비 경력을 살려 전차 조종수 겸 정비사가 되었다. 여기서 칼라시니코프는 몇 가지 발명을 한다. 전차의 총안구에서 토카레프 권총을 쏘는데 편리한 도구나 전차의 포격 회수를 표시하는 카운터등이 그것이다.

특히 그는 전차 엔진용 타코미터(회전수 표시 미터)의 개발로 주목을 모았다. 당시 칼라시니코프의 타코미터는 게오르기 주코프 장군의 주목을 받았다. 만주와 몽고의 국경지대에서 벌어진 전투를 통해 일본군에게 큰 타격을 입힌 노몬한의 바로 그 주코프였다. 주코프는 그를 모스크바로 보냈고 여기서 그의 타코미터가 양산 결정까지 받았다. 1941년, 이번에는 레닌그라드로 파견되어 양산을 위한 기술지원에 종사했다.

1941년 6월, 독일이 발바로사 작전을 개시해 소련 침공을 개시했다. 소련에서 말하는 '대조국전쟁'이 시작된 것이다.

몇 달 안되어 독일은 모스크바 점령을 목표로 한 제2단계, 일명 '타이푼' 작전으로 옮긴다. 레닌그라드에 있던 칼라시니코프는 스트리이에 주둔한 제108전차사단 제24 전차연대의 전차장이 되어 10월의 브리얀스크 전투에 참전한다.

전차 조종과 정비는 충분히 배운 그였지만 실전은 처음이었다. 전우들도 마찬가지였다. 전투중 주변 상황을 보느라 해치를 열고 몸을 내민 그는 독일군 포탄의 파편에 맞아 왼쪽 견갑골을 크게 다쳤다. 중상을 입은 칼라시니코프는 후방에 이송되어야 했다. 하지만 브리얀스크는 이미 독일군에게 포위되었다. 다른 부상병들과 함께 트럭에 탄 칼라시니코프는 독일군을 피하며 전장을 이탈했다.

도중에 한 마을에 접근하자 칼라시니코프는 다른 두 명과 함께 트럭에서 내려 마을에 독일군이 있는지 정찰하러 나섰다. 걸을 수 있던 것은 그 세명 뿐이었던 것이다.

그러는 사이 타고 있던 트럭이 독일군의 공격을 받아 다른 부상병 모두가 죽었다. 칼라시니코프는 소련군 전선에 닿을 때까지 1주일간 걸어야 했다. 그가 살아남은 것은 그야말로 행운이었다.

간신히 병원에 입원한 그는 치료를 받으며 전선에서의 경험을 떠올렸다. 모신-나강 소총만을 든 소련군 병사는 기관단총을 장비한 독일군에게 압도당했다. 볼트액션 소총은 지근거리에서 기관단총의 제압사격을 당할 턱이 없었다. 주변의 다른 부상병들도 마찬가지 생각이었다. 독일군에게 당하는 이유 중 하나는 대항할 기관단총이 없어서였다. 조국을 지키려면 우수한 기관단총이 필요하다. 칼라시니코프는 이렇게 느꼈다.

소련이 기관단총을 제식화한 것은 1935년의 일이다. 이 때 채택된 소련군 최초의 기관단총은 바실리 알렉세예비치 데그차레프(Vasily Alekseyevich Degtyarov)가 개발한 PPD-1934였다. PPD란 피스톨렛 풀레멧 데그차로바(Pistolet Pulemyot Degtyarova), 즉 데그차레프 기관단총의 약자다.

소련군은 기관단총을 채택은 했지만 그 능력을 과소평가해 소량 생산과 배치로 끝냈다. 1938년에는 약간의 개량을 한 PPD-1934/38이 나왔지만 1939년에 제조 중지는 물론 이미 배치된 총까지 회수하라는 명령이 떨어졌다. 당시 국방담당 인민부위원장이던 그레고리 쿨리크가 내린 명령이었다. 마차와 소총이야말로 소련군의 무기라는 시대착오적 인식이 만든 실수였다.

1939년 11월, 소련은 핀란드를 침공했다. 소련군이 투입한 병력은 핀란드군의 3배였다. 이 정도면 1939년 안에 핀란드 전체를 제압하리라 스탈린은 믿었다. 하지만 핀란드군은 소련군에게 효과적으로 저항해 큰 타격을 입히고 진격을 정지시키는데 성공했다. 결국 핀란드는 평화교섭 끝에 국토의 10%를 잃기는 했어도 독립을 유지할 수 있었다. 이 전쟁을 '겨울 전쟁'이라고 부른다.

이 때 핀란드군이 보유한 수오미 M1931기관단총은 소련군 상대로 높은 전과를 올렸다. 사거리는 짧아도 휴대가 편하고 자동 사격이 가능한 기관단총이 효과적이라는 사실은 분명했다. 여기에 놀란 소련군 최고 군사평의회는 1939년 말엽에 PPD-1934, PPD-1934/38등을 다시 부대에 배치하는 동시에 생산도 재개하라는 명령을 내렸다. 소련의 기관단총 개발은 간신히 본격화됐다. 데그차레프는 더욱 성능과 생산성을 개량하기 위해 PPD-1940을 개발했다. 그리고 소련은 PPD-1940의 생산에 박차를 가했다.

하지만 소련군이 PPD-1940에 만족한 것은 아니다. 총기 설계자 게오르기 세미요비치 슈파긴이 설계한 기관단총이 1940년 끝무렵에 PPSh-41(Pistolet Pulemyot Shpagina)라는 이름으로 제식 채용되었다. 이 총은 PPD-40보다 생산성이 높았지만 본격적인 생산이 시작된 것은 1941년 가을이었다.

독일군이 침공하던 시점에 PPD-1940의 생산은 충분하지 않았다. 적어도 브리얀스크 전투에 참전한 칼라시니코프의 주변에는 기관단총이 거의 없었다.

기관단총 시험제작

병상에 누운 칼라시니코프는 직접 기관단총을 설계하기로 결심했다. 데그차레프나 슈파긴보다 성능은 물론 생산성까지 높은 총을 말이다. 다행히 칼라시니코프가 입원한 병원에는 커다란 도서관이 있어 여기서 기관단총에 대해 많은 것을 배웠다. 곧 그는 도면을 그리기 시작했다.

병원에는 부상병이 속속 도착했다. 칼라시니코프가 언제까지나 침대를 차지할 수는 없었다. 하지만 칼라시니코프의 어깨는 아직 아물지 않았고 손을 움직이기도 어려웠다. 나머지는 본인의 치유력에 맞길 수 밖에 없다. 도저히 전방에 돌아갈 상태가 아니다 보니 고향에서 요양하라는 명령을 받았다. 칼라시니코프는 고향인 알타이 공화국의 큐라 마을로 돌아갔다. 한때 가족과 행복하게 지내다 강제로 쫓겨난 곳이었다.

큐라로 향하는 열차는 부상병들로 가득했다. 독일의 모스크바 침공은 막아냈지만 독일군은 여전히 막강한 전력을 자랑했고 전선은 무너지지 않았다. 히틀러는 저서 '나의 투쟁'에서 독일인의 레벤스라움(Lebensraum, 생존권)은 동유럽이라 주장하며 그곳에 사는 러시아인등의 슬라브 민족을 말살한 뒤 독일 영토로 해야 한다고 주장했다. 이 전쟁은 소련인들에게 민족의 생존이 걸린 싸움이었다.

독일군에 이길 무기가 없으면 민족의 미래도 없다. 소련은 병사의 숫자로 독일에 대항했다. 독일군이 소련군 병사를 쓰러트려도 계속 새로운 소련군이 투입됐다. 그 결과 독일군 한 사람당 몇 명씩의 소련군 전사자가 발생했다.

칼라시니코프는 고향에 돌아가 요양할 때가 아니라고 느꼈다. 병상에서 설계한 자신의 기관단총을 실현시켜 소련군에 채용시키자. 그렇지 않으면 브리얀스크에서처럼 동포들이 계속 쓰러진다. 하지만 어떻게 해야 할까?

칼라시니코프는 행선지를 바꿔 카자흐스탄으로 향했다. 시베리아 철도 알마타 기관구의 마타이 마을. 그곳에는 기관단총을 만들 공작기계가 있다. 총의 시제품을 만들려면 혼자서는 안된다. 이 사실은 전차용 타코미터를 만들 때 레닌그라드에서 배웠다. 기관차의 정비거점에서 칼라시니코프는 협력자를 모아 병원에서 설계했던 총을 어떻게든 현실에 옮겨놓을 수 있었다. 기관차 정비소에서 총을 만든다니, 보통은 누구도 상대하지 않을 이야기다. 민족의 운명을 건 전쟁이 진행중이었기에 가능한 이야기였을지도 모른다.

몇달 뒤, 기관단총의 시제품이 완성됐다. 칼라시니코프는 이것을 알마타의 지방군사위원회에 제출했다. 처음에는 아무도 상대하지 않았지만 곧 칼라시니코프와 그의 총은 카자흐스탄의 당중앙위원회에 보내졌다.

총기설계자의 길

칼라시니코프의 총은 결코 완성도가 높지 않았다. 기관단총에 대한 지식과 경험이 풍부할 턱도 없었다. 입원중에 책으로 공부했을 뿐이다. 부상병들로부터 기관단총 쓰는 방법이나 독일군의 MP38, MP40에 대해 들은 것은 있었을 것이다. 또 전차 조종수 겸 정비사 교육을 받을 때 PPD-1934나 PPD-1934/38을 만져 볼 기회는 있었다.

그의 지식과 경험은 딱 여기까지였다. 중학교조차 제대로 졸업하지 않았고 기계공학도 기관차와 전차 정비를 통해 배웠다.

그래도 당중앙위원회 서기는 칼라시니코프의 기관단총에서 가능성을 발견했다. 그래서 칼라시니코프에게 개발한 기관단총의 개량을 명령하면서 우수한 기술자들을 스탭으로 붙여줬다.

칼라시니코프는 개량된 기관단총을 들고 우즈베키스탄의 사마르칸트로 향했다. 모스크바에 있던 제

칼라시니코프가 제작한 기관단총. 칼라시니코프 박물관 소장품.

르진스키 포병사관학교가 이 때 독일군을 피해 사마르칸트에 잠시 옮겨왔기 때문이다.

여기 있던 탄도학과 무기의 전문가인 아나톨리 블라곤라포프(Anatoli Blagonravov: 나중에 우주공학의 권위자가 된다)는 칼라시니코프의 총기 개발능력과 독창성을 간파하고 연구개발의 기회를 더욱 제공했다. 이 때 칼라시니코프는 솔로보 무기 시험장에 파견되었으며 그곳에서 유명한 총기 설계자인 세르게이 가브릴로비치 시모노프(Sergei Gavrilovich Simonov)와 만났다.

당시의 소련군은 고성능이면서 작고 가벼운, 그러면서 생산성도 아주 높은 기관단총을 갈망했다. PPSh-41은 프레스 공법을 많이 썼지만 여전히 소련군이 원하는 수준의 생산성에 이르지 못했다. 1942년, 중앙포병행정본부는 보다 단순화된 기관단총의 개발을 요구했다.

칼라시니코프가 총기 설계자로서의 계단을 막 오르던 때, 소련의 총기 설계자들은 신형 기관단총 개발에 열을 올리고 있었다.

개발 요구로부터 2개월도 채 안되어 최초의 테스트가 실시되었고 그 뒤 2개월마다 두 번째, 세 번째의 테스트가 실시됐다. PPSh-41을 설계한 슈파긴이나 PPD-40을 설계한 데그차레프, 그 외에 코로빈이나 루카비시니코프등의 쟁쟁한 설계자들이 시제품이나 그 개량형을 선보이는 와중에 가장 높은 평가를 얻은 것은 알렉세이 이바노피치 수다예프(Alexei Ivanovich Sudayev : 1912~1946)이 설계한 PPS-42였다.

PPS-42는 오픈볼트식 완전자동으로만 작동한다. 하지만 발사속도가 느리기 때문에 방아쇠만으로 쉽게 단발사격을 할 수 있다. 또 이 총에 장착된 금속제 개머리판은 MP40의 영향을 받은 접절식이지만 MP40이 아래로 접히는 반면 PPS-42는 위로 접히게 설계되었다.

부품 숫자를 줄이고 양산이 쉬운 구조로 만든 뒤 디자인을 단순하게 하면 총의 제조단가를 낮출 수 있다. PPS-42는 외관만이 아니라 내부 구조도 최대한 단순하게 했다.

단적인 예가 완충스프링 가이드를 차개와 겸용한 것이다. 노리쇠 뒤에는 완충스프링이 있어 사격할 때마다 압축된다. 스프링은 지름이 가늘며 그 가운데 스프링 가이드가 있다. 발사가 되면 노리쇠는 탄피를 물고 후퇴한다.

이 때 스프링 가이드가 노리쇠 앞에서 튀어나와 탄피를 밀어낸다. 장전손잡이는 별도 부품으로 되어 있지만 핀으로 고정되어 있다. 노리쇠도 모양이 단순해 가공이 쉽다.

상부 리시버와 하부 리시버는 리시버 멈치를 누르면 쉽게 아래위로 열린다. 두 리시버는 탄창 앞에 있는 핀으로 결합되며 분리되지 않는다. 하지만 위아래로 열리는 것만으로 노리쇠나 메인스프링을 꺼내 일반적인 청소나 수리가 가능하다. 이 부분은 PPSh-41에서 배웠다.

PPS-42는 1942년 7월에 중앙정부 국방위원회에 제식병기 인정신청이 들어갔다. 원래는 제식이 되기 전에 양산에 필요한 연구가 행해진다. 하지만 당시의 소련에 그럴 여유는 없었다. 칼라시니코프가 아나톨리 블라곤라보프와 만나 재능을 인정받은 때와 같은 1942년 7월의 일이었다. 칼라시니코프의 기관단총 개발은 이미 늦은 셈이었다.

PPS-42의 시험생산은 독일군에 포위된 레닌그라드에서 이뤄졌다.

당시 레닌그라드에는 조병창이 없었지만 1차 대전 때까지 있던 세스트로예츠크(Sestroyetsk) 조병창이 쓰던 공작기계는 남아있었다. 이것을 사용해 PPS-42를 급하게 생산, 독일군과 싸우던 레닌그라드 전선에 보냈다.

설계자 수다예프는 레닌그라드의 시험생산 현장에 있었다고 한다. 위험을 무릅쓰고 라도가 호수를 통해 레닌그라드에 들어갔을 것이다. 시험 생산을 서두르기 위해 일부 PPS-42의 총열은 낡은 모신-나강 소총의 총열을 잘라 만들었다.

PPS-42는 4만정 이상 생산되었다. 그리고 실전 경험을 통해 개량이 필요한 점도 분명해졌다. 이 과정을 통해 개량된 것이 PPS-43이다. 상부 리시버는 총열덮개와 일체형이 되었고 그 덕분에 생산성이 높아졌다. PPS-43은 길이도 42보다 약간 짧아졌지만 강도를 높이기 위해 철판 두께를 늘이다 보니 무게는 2.95kg에서 3.04kg으로 오히려 약간 무거워졌다.

PPS-42와 43이 생산된 탓에 칼라시니코프의 기관단총은 빛을 볼 일이 없게 됐다. 하지만 그 덕분에 칼라시니코프는 젊은 나이에 소련 총기 설계자의 한 사람이 되었다.

칼라시니코프가 브리얀스크 전선에서 부상당해 독학으로 기관단총을 설계, 마타이 마을에서 시험제작해 알마타에서 개량한 뒤 블라곤라보프에게 재능을 인정받을 때 까지의 이야기는 모두 50년 이상 세월이 흘러 소련도 망한 뒤 칼라시니코프 자신이 회고한 것이다. 희대의 총기 설계자가 그 재능을 꽃피울 때 까지의 성공담으로는 잘 짜여있다.

수다예프가 개발하여 양산화된 PPS-43. 이것이 소련군이 대량 배치한 마지막 기관단총이었다.

총기 설계자가 된 직후의 칼라시니코프

하지만 당시의 소련(그 이전도, 그 뒤에도)은 그렇게 훈훈한 사회가 아니었을 것이다.

일개 전차장이 요양중에 기관단총을 설계해서 자기의 힘으로 시험제작했고 그것이 평가를 받아 총기 설계자의 길이 열린다- 그런 단순한 이야기일 턱이 없다. 물론 지어낸 이야기라는 뜻은 아니다. 분명 뒷면에 이야기되지 않은, 혹은 이야기할 수 없는 뭔가가 있을 것이다.

하지만 칼라시니코프가 세상을 뜬 탓에 당시의 상황을 정확히 알려줄 사람은 없게 됐다. 어쨌든 소련이라는 나라의 소화기 설계국에 1942년부터 칼라시니코프가 관여하기 시작했다. 그것이 AK개발로 이어진다.

AK의 개발

칼라시니코프가 개발한 기관단총은 소련군이 제식 채용하지 않았다. 하지만 이것을 계기로 총기 설계자로 인정받은 덕분에 그 이외의 총기도 중앙 포병 행정본부가 요구하면 개발할 수 있게 되었다.

소련은 사회주의국가였지만 우수한 총기를 개발할 수 있게 된 배경에는 총기 설계자들끼리의 치열한 경쟁이 있었다.

각 조병창마다 설계자들이 소속되어 각각 스탭이 소속된 설계국을 형성했다. 설계국의 존속을 위해 각 설계자들은 개발경쟁을 벌인다. 사회주의 국가이지만 자본주의와 마찬가지, 경우에 따라서는 그 이상의 '경쟁원칙'을 도입한 것이다. 덕분에 소련군은 가장 우수한 무기를 고를 수 있다.

자본주의 사회라면 경쟁에 진 총은 민간 시장이나 다른 나라 군대에 팔릴수도 있다. 하지만 사회주의 체제에서는 패자는 사라질 뿐이다. 이 시대의 대표 주자인 페데로프, 시모노프, 슈파긴, 토카레프, 수다예프, 데그차레프 등 소련의 총기설계자들은 더욱 우수한 총의 개발에 뼈를 깎는 노력을 했다. 그

와중에 젊은 칼라시니코프가 끼어든 것이다.
칼라시니코프의 개발 거점은 숄로보 무기시험장에 마련되었다. 여기서 새로운 탄약인 7.62x41mm 탄약을 사용하는 반자동 카빈을 개발했다. 이 때 칼라시니코프가 참고한 것은 미국의 제식 소총인 M1개런드였다.
2차 대전에서 미군의 제식 소총으로 실적을 쌓은 개런드의 작동 구조는 매우 합리적이라 칼라시니코프는 가능한 한 이 총의 구조를 최대한 활용하기로 했다. 그 기본은 노리쇠가 돌면 그 앞의 폐쇄 돌기가 약실 뒤의 폐쇄홈에 걸리는 회전 노리쇠 방식이었다. 칼라시니코프는 단순하면서도 강도가 높아 가스압 작동식 소총에는 이상적이라고 생각했다. 하지만 반자동 카빈 개발경쟁에서는 시모노프가 이겼다. 시모노프는 1930년대부터 반자동 소총 개발에 매달렸지만 토카레프가 개발한 SVT-38, SVT-40에 패한 뒤 SKS-41을 설계하는 등 오랜 개발기간과 실적을 자랑했다. 칼라시니코프의 시제품은 최종 검토단계에 선발되지도 못했다.
이 때 채용된 SKS45(Samozaridnya Karabina Simonova obrazets 1945)는 소련군의 신형 주력 소총으로 그때까지 쓰인 모신-나강 소총이나 SVT-40을 대체하는 것이었다. 하지만 소련은 또 하나의 새로운 총을 개발할 계획을 세웠다. 대조국전쟁(제2차 세계대전) 말기에 독일이 소련과의 전쟁에 집중 투입한 StG44와 흡사한 돌격소총이었다.
고위력 소총탄과 권총탄의 중간쯤에 위치한 단축형 소총탄이야말로 2차 대전 이후의 새로운 보병 소총에 필요하다고 확신한 소련은 단축형 소총탄을 사용하는 SKS를 도입했다. 이것이 개량을 거쳐 우리가 잘 아는 7.62×39mm M43탄이 된다. 이 탄환이라면 기관단총과 같은 연사성능도 얻을 수 있다. 소련군은 권총탄을 쓰는 기관단총을 폐지하고 단축형 소총탄을 쓰는 돌격소총으로 대체할 계획을 세운 것이다.
PPS-43을 개발한 수다예프는 1944년에 돌격소총 개발에 착수했다. 수다예프의 개발거점은 원래 툴라 조병창이었지만 조병창 코앞까지 독일군이

수다예프가 개발한 AS-44. 상단의 드럼 탄창 기관단총은 PPD-1934r. 칼라시니코프 박물관 소장.

AK-47이 양산 배치된 1949년에 그려진 칼라시니코프의 초상화

몰려오자 그 기능을 다른 곳들로 분산시켰다. 이 때문에 한 때 칼라시니코프와 마찬가지로 숄로보 무기시험장에서 연구개발을 계속했다. 칼라시니코프와 수다예프는 라이벌 관계였지만 같은 거점을 활용한 덕분에 정보 교환이 있었을 가능성도 있다.

1944년에 수다예프가 개발한 AS-44(Avtomat Sudayeva 1944)는 포어엔드(총 앞부분의 손잡이에 해당하는 부분)부터 개머리판까지 나무로 만든 일체형으로, 고전적인 소총의 스타일을 이어받았지만 독립된 권총손잡이와 긴 바나나형 탄창을 사용하고 리시버 위에는 커버를 씌운, 나중에 AK에도 응용되는 디자인을 갖췄다. 반면 AS-44는 틸트 로킹 메카니즘을 응용한 리프 로킹 메카니즘을 갖췄지만 AK-46은 M1개런드와 같은 회전 노리쇠 메카니즘을 채용했다. 또 AS-44는 무게가 5.7kg이나 되는 무거운 총이었다. AS-44에는 7가지 바리에이션이 있고 4.5kg까지 경량화된 모델도 있었지만 대부분 5kg이 넘었다.

1945년, 소련에서 돌격소총 채택 경합이 시작됐다. 여기에 응해 1944년부터 47년 사이에 수많은 돌격소총이 시험제작됐다.

이미 언급했지만 각 조병창에 여러 설계국이 설치되어 경쟁을 펼친 결과였다. 수다예프는 유력 후보였지만 1946년에 세상을 떠났다. 레닌그라드에서 입은 부상이 원인이었다고도 하지만 어쨌든 34년의 짧은 생애였다.

이 경쟁에서 칼라시니코프가 설계한 시제품 소총인 AK-46이 최초 심사에 합격, 2차 심사까지 진행했다. 그 와중에 칼라시니코프는 블라디미르 주의 코블로프로 이동했다. 숄로보 무기시험장에는 충분한 개발 공간이 없었기 때문이다.

코블로프의 총기생산 거점은 툴라 조병창 산하에 있었다. 코블로프는 이미 경기관총 DP-28로 실적을 얻은 총기 설계자 바실리 A. 데그차레프(Vasily Alekseyevich Deg-tyarev)의 개발 거점으로도 쓰이고 있었다.

약 1년의 개발기간중 칼라시니코프는 중요한 개량을 했다. AK-46시제품은 그 뒤의 AK-47과는 많은 차이가 있었다.

AK-47 최초기형인 Type 1, 칼라시니코프 박물관 소장.

당시 칼라시니코프와 총기 개발을 함께 진행한 이들의 그룹 사진

칼라시니코프와 그의 아내 에카테리나 빅토로브나(카차), 그리고 카차의 딸인 네랴. 1950년대

AK-46은 쇼트 스트로크식 가스피스톤 방식이었다. 장전손잡이도 노리쇠뭉치와 분리된 방식으로 왼쪽에 있었다. 하지만 칼라시니코프는 AK-46을 대대적으로 재설계했다. 가장 큰 변경은 기관부 내부에 상당한 공간을 비운 것이다.

보통 총을 만들 때는 가능한 한 부품을 타이트하게 결합시킨다. 이렇게 해야 정밀도를 높이고 이물질이 들어갈 가능성을 낮춘다.

칼라시니코프는 그 반대였다. 총의 기관부에 모래나 진흙이 들어가도 작동을 확실하게 한 것이다. 이 개량이 AK가 개발된지 65년이상 지난 지금까지 활용되는 최대의 특징이 되었다.

또 장전손잡이도 오른쪽으로 옮겼고 조정간은 안전장치를 겸용하게 해 리시버 오른쪽으로 옮겼다. 어찌 보면 개악이지만 이렇게 해 안전장치를 걸었을 때 장전손잡이가 움직이기 위해 파낸 홈을 조정간이 덮을 수 있다.

이 홈은 리시버에 이물질이 들어가는 최대의 약점이지만 이 개량 덕분에 평소에 막아놓을 수 있게 된 것이다. 또 부품 숫자도 최대한 줄여 가능한 한 단순하게 했다. 노리쇠뭉치와 장전손잡이, 가스피스톤을 전부 일체화시킨 것도 좋은 예다.

1947년 6월부터 8월에 걸쳐 벌어진 가혹한 테스트 끝에 3종류의 총이 마지막까지 남았다. 1948년 1월, 과학기술위원회는 칼라시니코프의 시제품이 가장 우수하다고 선언하고 한정 양산을 결정했다. 이렇게 해서 군에서 시험적으로 운용하고 최종 확인이 내려진다. 칼라시니코프는 한정 양산을 지휘하기 위해 이제프스크로 향했다. 그리고 여기서 평생 지내게 된다. 한정 양산된 칼라시니코프의 총은 완벽하게 기능했다.

칼라시니코프 소총의 개발은 외부에 대해 철저한 비밀이었다. 공식 배치가 시작된 것은 1949년이었다. 소련은 전쟁이 끝나고 불과 4년만에 당시 최첨단의 돌격소총을 얻은 것이다.

결혼

1949년, 칼라시니코프는 AK-47의 개발과 양산회 덕분에 스탈린 국가상을 받았다. 이것은 소련의 발전에 기여한 노동자나 과학기술, 문학, 건축, 예술등의 분야에서 큰 공헌을 세운 자에게만 주어지는 소련 최고의 상이었다.

놀라운 일이지만 칼라시니코프는 이 때까지도 자신의 원래 신원을 감추고 있었다. 가족과 함께 시민권을 빼앗기고, 시베리아에 강제로 이주당한 뒤에 위조서류로 시베리아를 탈출한 과거 말이다. 이것이 들키면 AK-47의 개발이라는 위대한 업적도 전부 물거품이 될 것으로 우려한 것이다.

칼라시니코프가 이런 과거를 가진 원인은 소련의 정치였다. 죄도 없이 선량하고 근면한 칼라시니코프의 부모가 모든 재산을 빼앗기고 시베리아로 쫓겨나 아버지는 숨을 거두게 한 장본인은 필자가 보기에는 스탈린이다. 10살짜리 칼라시니코프의 평온한 생활을 빼앗은 것도 스탈린이다. 그 스탈린의 이름을 딴 국가최고상을 받은 것이다. 칼라시니코프는 무슨 생각을 했을까?

하지만 칼라시니코프는 스탈린을 깊이 존경한다고 했다. 대조국전쟁의 승리도, 사회주의국가로서의 성장도, 소련인들이 평등하게 생활하는 것도, 스탈린 덕분이라고 밝혔다. 칼라시니코프의 가족에게 찾아온 불행은 스탈린이 아니라 당시의 공산당 간부들 탓이라는 것이다.

칼라시니코프는 스탈린을 숭배하게끔 교육받았다. 학교에는 7년밖에 안 다녔지만 이 때의 교육은 가슴 깊이 박혀 평생 바뀌지 않을지도 모른다.

스탈린 사후 흐루시초프는 스탈린 비판을 벌였고 소련에서의 평가도 '위대한 국가지도자' 에서 '무서운 독재자'로 바뀌었다.

하지만 칼라시니코프는 정치가로서의 흐루시초프를 좋게 평가하지 않는다.

흐루시초프 시대에 칼라시니코프는 스탈린 국가상과 증명서를 반환해야 했다. 그 대신 소비에트 연방국가상을 수여받았다.

칼라시니코프는 이것을 후회했다. 칼라시니코프에게 스탈린은 여전히 영웅이었다. 현재의 러시아에 스탈린을 영웅시하는 의견은 결코 적지 않다. 칼라시니코프의 생각은 러시아인으로서는 결코 특이한 것이 아니다. 어쨌든 그가 총기설계자로서의 업적을 세운 것이 스탈린 시대였으니 말이다.

칼라시니코프는 스탈린 국가상을 얻은 바로 그 해에 군에서 제대했다. 그리고 이제프스크에 눌러앉아 AK-47의 양산과정에 설계책임자로 관여했다. AK-47을 한창 개발하던 때 그는 에카테리나 빅토로브나 모이세예바(Ekaterina Viktorovna Moiseyeva)와 결혼했다. 그녀는 숄로보 무기시험장에서 일하던 엔지니어였다. 정식 기술교육을 받지 못한 칼라시니코프는 정식 설계도면을 그리지 못했다. 대신 도면을 그려주던 것이 그녀, 애칭 '카챠'였다.

칼라시니코프는 카챠와의 사이에 두 딸을 낳았다. 카챠에게는 칼라시니코프와 만나기 전에 낳은 딸도 있었다. 칼라시니코프 자신도 카챠와 결혼하기 전에 에카테리나 다닐로브나 아스타호바(Ekaterina Danilova Astakhova)와의 사이에 아들을 둔 바 있다. 이 아들이 나중에 총기 개발자가 되는 빅토르(Victor) 칼라시니코프다.

빅토르가 태어난 것은 1942년, 카자흐스탄 마타이에서였다. 칼라시니코프는 병원에서 설계한 기관단총 시제품을 만드는 동안 마을의 여성과 사귄 것이다.

1957년에 빅토르의 어머니가 사고로 죽자 칼라시니코프는 15살의 빅토르를 거둔다. 이렇게 해서 칼라시니코프는 4명의 아이를 키우게 된다.

칼라시니코프는 결코 부유하지 않았다. 사회주의 국가인 만큼 AK-47에 대한 특허도 신청하지 못했고 총의 생산에 따른 로열티도 없었다. 스탈린 국가상을 받을 때 보상금이 나왔지만 자동차를 사는 데 써버렸다. 집도 아파트에 불과했다.

군을 제대해 예비역이 되었지만 AK를 만드는 이제프스크 조병창에서 나오는 월급 덕분에 생활이 곤란하지는 않았다. 물론 사회주의국가인 만큼 불로소득은 아니었다. 칼라시니코프는 조병창에서 AK생산에 관련된 관리직으로 계속 일하는 한편으로 AK의 개량도 거듭했다.

1950년에는 소련 최고의회의 의원으로 선출되었다. 이제프스크가 속해 있는 우드무르트 공화국의 대표였다.

물론 본인이 입후보한 것은 아니다. 당시만 해도 칼라시니코프는 전혀 유명하지 않았던 만큼 그가 뽑힌데는 스탈린 국가상이 크게 작용했을 것이다. 칼라시니코프는 1950년부터 1954년, 66년부터 88년까지 6기에 걸쳐 의원직을 맡았다.

공산당 일당독재국가라고는 해도 의원은 선거구 주민의 요청에 대응해야 한다. 또 모스크바에서 개최되는 본회의에도 출석해야 한다. 결코 편한 자리가 아니었다. 의원직은 겸업이 가능해 칼라시니코프도 이제프스크 조병창 일을 계속했다.

따라서 칼라시니코프는 AK-47을 개발한 뒤에도 바쁘게 지냈다.

통일화

칼라시니코프가 처음 결혼했던 카테리나 다니로브나 · 아스타로바

AK소총의 바리에이션. 보다 나중에 나온 것도 있다. 아래 왼쪽의 총이 PK, 그 오른쪽의 두자루가 RPK이다.

AK-47은 양산이 시작된 뒤 두 번에 걸쳐 개조된 뒤 AKM으로 진화했다. 그와는 별도로 소련군 총기의 통일이 진행됐다.

1950년대에 소련군은 M43탄약을 쓰는 총기로 AK-47외에 SKS와 데그차레프의 RPD 기관총을 썼다. 이것을 기본 컴포넌트를 공유하는 총으로 통일하려 한 것이다. 칼라시니코프는 AK-47을 베이스로 약간의 개량을 한 것을 제출했다. AK는 완성도가 높기 때문에 대대적인 개량은 필요없다고 생각한 것이다.

알렉산더 콘스탄티노프(Alexander Konstantinov)의 2B-A-30과 A-40, 그리고 게르만 A. 코로보프(German A. Korobov)의 TKB-517은 비교적 높은 평가를 받았다.

이 두 총은 모두 지연 블로우백 방식이었다. 하지만 가혹한 환경에서의 테스트 결과 칼라시니코프의 개량형이 가장 우수했다. 결국 통일 모델은 AK의 개량형인 AKM이 채택됐다.

새로운 경기관총(분대지원화기)이 된 RPK는 기본 구조가 AKM과 같다. 다만 리시버 강도가 늘어나고 590mm의 길고 굵은 총열에 양각대도 장착되었다. 야전에서 총열 교환이 안되므로 경기관총으로서의 기능은 제한적이다.

표준이 된 상자형 탄창은 40연발로, 그 외에 75연발 드럼탄창도 준비됐다.

총기 통일에 성공한 덕분에 칼라시니코프는 '사회주의 노동영웅'칭호를 받게 된다.

소련군의 소화기 통일은 더욱 확대되어 7.62×54Rmm탄을 쓰는 다용도 기관총의 기본 컴포넌트를 통일하는 작업도 시작됐다. 차량 탑재 기관총이나 중(重)기관총을 한가지로 통합하자는 것으로, 여러가지 이유로 인해 아주 곤란한 일이었다.

하지만 이번에도 칼라시니코프의 팀이 개발한 모델이 채택되어 1961년 이후 PK, PKS, PKT, PKB등이 등장했다. 1969년에는 개량형인 PKM, PKMS, PKMSN등으로 교체됐다. 그 결과 소련군의 소화기는 권총과 저격총등 일부를 제외하면 대부분이 칼라시니코프의 설계작이 됐다.

이 업적 덕분에 칼라시니코프는 레닌 상을 받았다. 레닌상은 칼라시니코프가 과거에 받았던 스탈린상과 같은 국가 최고상이었다.

소구경화

칼라시니코프에게 주어진 또 하나의 연구과제는 소구경화였다. 동서 냉전이 벌어지면서 미국과 소련은 동서 양진영의 맹주로서 대립을 계속했다. 서방 진영의 NATO군 표준 탄약은 7.62×51mm로, 공산권의 바르샤바 조약기구는 7.62×39 mm M43으로 통일했다.

NATO의 7.62×51mm는 원거리 사격성능을 중시하는 미국의 압력으로 결정된 것이지만 공산권의 7.62×39mm는 원거리 성능을 포기하고 근거리에서의 자동사격 성능을 중시했다.

AK-47과 AKM도 이런 목적에 맞는 돌격소총으로 완성됐다. 원거리 사격에는 어울리지 않지만 소련은 보병 소총에 원거리 성능이 필요하다는 것은 시대착오적이라고 생각했다.

반면 미국의 M14는 원거리 성능은 좋지만 길고,

1960년대 후반에 군부대를 시찰할 때의 모습

무겁고 자동사격도 콘트롤이 힘들었다. 소련의 관점에서 보면 1950~60년대에 세계 최고의 돌격소총은 AK-47및 AKM이었다.

미국은 1960년 12월부터 베트남 전쟁에 말려들기 시작했다. 그리고 베트남에서 AK-47은 M14를 압도했다.

덥고 습한데다 시야도 제한된 정글은 AK소총에게 알맞는 환경이었다. 여기에 대항하기 위해 미국은 5.56×45mm탄을 쓰고 경합금과 플라스틱을 대량으로 사용한 AR-15를 시험적으로 투입했다. 1963년, AR-15는 M16으로, 사용된 탄약은 M193으로 제식 채용되어 본격적으로 운용되기 시작했다.

미국의 5.56mm탄은 소련의 7.62mm M43보다 압도적으로 작고 가벼운 고속경량탄으로서 높은 성능을 보였다. 또 소형 경량의 탄약이라 병사 한 사람이 휴대할 수 있는 탄약의 양도 크게 늘었다. 공산권의 M43탄이 가진 우위는 5.56mm의 등장으로 크게 흔들렸다.

NATO각국은 7.62mm NATO탄을 채택한지 얼마 되지 않아 미국을 금방 뒤따르기가 어려웠지만 오래지 않아 5.56mm로 바꾸려 했다. 소련 역시 5.56mm에 대항할 탄약과 이를 쓰는 총의 개발을 시작했다.

칼라시니코프 자신은 M43을 이상적 군용탄약으로 생각하고 이를 소구경탄으로 바꾸는데는 그리 찬성하지 않았다. AK-47및 개량형인 AKM과 M43탄의 조합이 최고의 성능을 발휘하는 셈이었다. 하지만 소련군은 미국에 대항할 소구경 고속탄

1970년대 후반에 군부대를 시찰할 때의 모습

위의 2정이 AK-74N (후기 개량형)

과 그에 맞는 총을 원했다.
5.45×39mm탄의 개발에 칼라시니코프는 전혀 관여하지 않았다. 그는 제공받은 신형탄에 맞는 총을 설계했을 뿐이다.
완성된 소총은 AKM의 구경을 바꾼 것으로, 기본 설계는 바꾸지 않았다. 하지만 갑자기 고압이 발생하는 고속경량탄에 대응하기 위해 개량된 곳은 많다. 이 때에도 AK기본설계의 우수성이 증명되었고 신형 소총은 1974년 AK-74로 채택됐다. 신형 5.45×39mm탄약은 M74로 불렸다. 이 총의 개발로 인해 1976년 칼라시니코프는 두 번째로 '사회주의 노동영웅'칭호를 얻게 된다.
AK-74는 1979년 소련이 아프가니스탄을 침공할 때 사용되면서 서방측에 널리 알려진다. 이 사건은 그 전해에 이 나라에 수립된 사회주의 정권이 붕괴직전에 몰리자 소련이 개입한 것으로, 주권국가에 대한 침략이었다.
10년에 걸쳐 진행된 이 전쟁은 AK-74와 M74탄약의 실전 테스트였다.

아바칸 프로젝트

1979년은 AK-74의 다음 세대 돌격소총 개발이 시작된 해였다. AK-74와 비교해 유효탄(적을 쓰러트릴 확률이 높은 탄)을 1.5배~2배 높이는 것을 목표로 한 "아바칸(Abakan)" 프로젝트였다. 이 차세대 돌격소총 개발에는 칼라시니코프가 참가하지 않았다.
59세가 되기는 했지만, 기술자로서 아직 늙었다고 보기는 힘든 시기에 칼라시니코프는 총기 개발의 의욕을 잃은 것일까?
이 프로젝트에 시제품을 제출하지 않은데 대해 본인은 아무 말도 하지 않았다.
이것은 어디까지나 근거없는 필자의 추측이다. 칼라시니코프가 아바칸 프로젝트에 참가하지 않은 것은 바로 당시에 갓 벌어진 소련의 아프가니스탄 침공 때문이 아니었을까.
칼라시니코프가 총의 개발에 힘을 쏟게 된 것은 1941년에 우수한 기관단총을 가진 독일군이 동포를 마구 쓰러트리는 것을 본 뒤였다. 우수한 무기가 없으면 조국의 국토가 짓밟히고 동포들이 죽는다. 칼라시니코프는 조국을 사랑했다.
생전에도 그는 "총은 국가를 지키고 동포를 지키는 도구다" "나는 조국을 지키려고 총을 만들었다"라고 거듭 말했다. "내 총이 억압된 사람들을 해방시키는데 쓰인데는 커다란 자부심을 느낀다. 반대로 내 총이 다른 사람을 억압하는데 쓰인데는 마음이 찢어지는 것 같다."라고도 했다.
소련이 아프가니스탄 침공을 개시한 것은 1979년 12월이다. 그 전부터 시작된 아프가니스탄의 긴장상태를 총기설계자인 칼라시니코프가 얼마나 정확히 알고 있을지는 모른다.
아프가니스탄은 소련에게 요충지대이기는 하지만 여기에 군대를 파견하는 것은 내정간섭이자 침략이었다. 소련 정부에서도 여기에 대해 몇개월에 걸쳐 논란이 있었다.
결국 브레즈네프는 침공을 결정하지만 여기에 자신의 총이 사용된 것은 칼라시니코프의 총에 대한 사상에 어긋나는 일이었다. 이 사실을 알게 된 칼라시니코프가 결국 차세대 소총의 개발에서 발을 뺀 것 아닐까.
다시 말하지만, 이것은 칼라시니코프가 생전에 자신이 발명한 총에 대해 언급한 의견을 가지고 추측했을 뿐 그 이상의 근거는 없다.
이 아바칸 프로젝트에는 칼라시니코프의 아들인

아바칸 프로젝트에 제출된 시제품. 오른쪽 열의 3정은 모두 니코노프의 작품, 다른 4정도 니코노프의 작품일 가능성이 있다.

AN-94와 개발자 게나디 니콜라이비치 니코노프

빅토르 칼라시니코프도 참가해 AKB라 불리는 시제품을 내놓았다.

빅토르는 15살이 될 때까지도 자신의 아버지가 AK-47을 발명한 미하일 칼라시니코프라는 사실을 몰랐다. 어머니가 사고로 숨지자 칼라시니코프가 거두어 이제프스크 기계학교에서 총기 기술을 배워 총기 설계자가 되었으며 AK-74개발에도 참가하기도 했다.

이런 상황이니, 어쩌면 칼라시니코프가 아바칸 프로젝트에 참가하지 않은 것은 그저 아들의 라이벌이 되지 않으려는 배려였을지도 모른다.

아바칸 프로젝트에는 게나디 니콜레예비치 니코노프가 개발한 모델이 선정됐지만 이미 소련은 말기 증상을 보이며 더 이상 제식 소총을 새로 바꾸는 것이 가능한 상황이 도저히 아니었다. 이것이 AN-94로 양산배치된 것은 소련이 무너지고 러시아 연방이 된 뒤였다.

하지만 복잡하기 짝이 없는 이 총은 그 뒤 말썽이 잦았으며 결국 일부가 러시아군에서 사용되는 수준에 불과하다.

생활

칼라시니코프가 AK-47양산을 위해 이주한 뒤 평생 살게 된 이제프스크(Izhevsk)는 우랄 산맥 서쪽에 있으며 광물자원이 풍부한 곳이다. 이지 강과 카마 강(볼가강의 지류)이 합류하는 지점이어서 공업도시에 필요한 수자원도 충분하다.

19세기 초반부터 이곳에서 무기 생산이 시작되었으며 러시아 혁명 이후 국영조병창이 생기면서 이제프스크는 도시 전체가 외국인 출입금지구역이 되었다. 이런 상황은 소련이 망한 뒤에도 얼마간 계속됐다.

칼라시니코프는 이제프스크에서 아내 카챠와 카챠의 딸인 넬랴(Nelli Mikhailovna)와의 생활을 시작했다. 1948년에는 카챠와의 사이에 생긴 장녀 엘레나(Elena), 1953년에는 둘째 딸인 나탈랴(Natalia)가 태어났다. 칼라시니코프의 가족은 부부와 딸 셋의 5인 가족이 됐다. 처음에는 방 하나짜리 작은 아파트였지만 1952년에 방 둘짜리 아파트로 옮겼다. 1957년에는 장남 빅토르가 들어와 6인 가족이 됐다. 1960년에는 통나무집으로 옮겼지만 그 뒤 방 4개짜리 아파트로 옮겼다. 소박하지만 쾌적한 곳이었다.

곧 넬랴, 빅토르, 엘레나가 차례차례 결혼해 출가했다. 1972년, 아내 카챠는 다발성 관절염에 걸려 치료를 받기 시작했지만 1977년에 55세로 세상을 떠났다. 그 뒤 칼라시니코프는 딸 나타샤와 생활했지만 1983년에 29세가 된 나타샤가 교통사고로 세상을 떠난 뒤에는 줄곧 혼자 살고 있다.

칼라시니코프의 어머니 알렉산드라가 이제프스크에 오게 된 것은 스탈린이 죽은 뒤인 1953년의 일이다. 1936년에 시베리아를 탈출한 그는 이 때까지 어머니와 만나지 못했다. 스탈린 시대에 칼라시니코프는 자신의 출생의 비밀을 감췄다. 그가 언제 이 사실을 밝혔는지는 분명하지 않다. 아마도 자신의 과거를 어느 정도 드러내도 되니 어머니를 불렀겠지만 정확한 경위는 알 수 없다. 알렉산드라는 1957년에 세상을 떠난다.

칼라시니코프는 그 명성으로는 상상하기 힘들 정도로 초라하게 살았다. 제대할 때의 계급은 상사로, 그 뒤에도 예비역 상사였다. 나중에 그 계급은 대령까지 높아지고 마지막에는 중장까지 승진해 생활도 나아졌지만 소총 설계로 얻은 로열티등은

칼라시니코프와 장녀 엘레나, 둘째 딸 나타샤, 왼쪽 소년 2 명 중 한 명은 아들 빅터일 수도 있지만, 나이로 볼 때 다른 사람일 가능성도 크다.

이제프스크 제조창

따로 없었다.

칼라시니코프 이외의 소련의 유명한 총기설계자는 각 조병창에서 자신의 설계국을 가지고 여러 스탭을 거느렸다. 어째서인지 칼라시니코프에게는 약간의 스탭만이 주어졌다. 몇 차례나 숙련된 스탭의 충당을 요구했지만 어째서인지 거절당했다. 이제프스크 조병창에서의 직함은 설계책임자였지만 정작 칼라시니코프가 많은 부하를 자유롭게 거느린 것은 아니었다.

칼라시니코프는 호숫가에 야채밭이 딸린 작은 목조 2층 주택을 별장(다챠)으로 가지고 있었다. 러시아에서는 의외로 흔한 일이다. 많은 도시민들이 작은 다챠를 가지고 주말에 농사를 짓는다.

변화

1972년, 칼라시니코프는 아파트 우편함에 미국에서 온 한 장의 엽서가 온 것을 발견한다. 발신인은 미국의 총기 연구가 에드워드 C. 이젤 박사(Edward C. Ezell)였다.

이젤 박사는 자신이 집필할 총기 연구 서적에 싣고 싶으니 칼라시니코프 본인의 사진을 요청하는 동시에 경력도 알고 싶다는 내용을 엽서에 적어 보냈다. 하지만 이 시대는 동서 냉전이 한창이던 때였다. 칼라시니코프는 KGB 이제프스크 지국에 이 사실을 보고하고 답장을 보류했다. 외무부에서 답장을 보내도 좋다는 허가가 떨어진 것은 그로부터 1년 넘게 지난 뒤였다.

칼라시니코프가 이젤 박사와 직접 만난 것은 그로부터 15년이 지나 소련의 붕괴도 코앞에 닥친 1989년 7월이었다. 이젤 박사는 미국 스미소니언 협회의 국립 미국 역사박물관 미국 무기부문의 부장인 동시에 스미소니언 총기 콜렉션의 큐레이터 자격으로 모스크바를 방문했다.

여기서 칼라시니코프는 며칠에 걸쳐 이젤 박사와 인터뷰를 진행했다. 그 때까지 미국에서 칼라시니코프는 철의 장막 너머에 있는 의문의 인물이었다. 사실 칼라시니코프는 그 때까지 단 한번도 해외에 나간 일이 없이 비밀도시 이제프스크에 사는 "살아있는 국가기밀"이었다. 하지만 이 때는 고르바초프의 페레스트로이카(재건설을 뜻하는 개혁운동)의

칼라시니코프(오른쪽에서 두 번째)와
유진 스토너(맨 왼쪽).
총은 헝가리 제 AMD-65M

칼라시니코프 박물관

칼라시니코프가 살던 아파트

칼라시니코프의 별장

칼라시니코프의 별장은 이 호숫가에 세워져 있다.

일환인 글라스노스티(정보공개)가 활발했다. 이젤 박사가 칼라시니코프와 만나 인터뷰를 한 것도 군사 분야의 글라스노스티가 진행된 결과였다.
1990년 5월, 칼라시니코프는 스미소니언 협회의 초청을 받아 9일간 미국 워싱턴 DC및 버지니아주를 방문해 AR-15의 개발자인 유진 스토너(Eugene Morrison Stoner)와 만나 친목을 쌓았다. 동시에 수많은 서방측 총기 관계자가 이 때 그와 만났다.
이 방문은 철저하게 비정치적으로 이뤄졌으며 동시에 외부인에 대해 철저한 비공개로 이뤄졌다. 여기서 그는 미국 문화에 처음 접했다. 그리고 그 직후 칼라시니코프의 주변 환경이 완전히 바뀐다.
다음해 소련이 무너졌다. 러시아뿐 아니라 많은 공산국가들이 시장경제로 탈바꿈했다. 칼라시니코프는 그 속에서 광고탑같은 존재가 되었다. 성립된 직후의 러시아 연방에게 무기수출은 얼마 안되는 외화획득수단인 만큼 이제프스크 조병창은 이즈매

쉬라는 기업으로 바뀐 뒤 여러 나라의 무기 전시회에 출품했고 칼라시니코프도 여기에 동원됐다. AK소총을 선전하기 위해서였다. 지금까지 베일에 싸였던 전설의 총기설계자가 나온다니 누구나 주목할 수 밖에 없었다.

오래지 않아 칼라시니코프는 곧 하나의 브랜드가 되어 보드카나 나이프, 손목시계등에 이름이 새겨졌다. 2004년에는 이제프스크에 칼라시니코프 박물관이 만들어졌다. 소련 시대와는 정 반대로 유명인이 된 것이다.

시장경제 덕분에 칼라시니코프의 생활은 이전보다 윤택해졌지만 그의 업적에 비하면 한참 부족하다. AR-15를 만든 스토너는 그 덕에 막대한 재산을 쌓고 자가용 제트기까지 부렸지만 칼라시니코프는 그런 부를 쌓지 못했다. 오랫동안 살아온 아파트와 작은 다차, 아들과 딸, 손주들, 함께 사는 한 명의 여성. 이들에 둘러싸인 생활이 칼라시니코프의 재산이었다. 이즈매쉬에 1주일에 4일 출근해 일을 하며 때로는 친구들과 사냥을 즐긴다. 21세기를 맞아 80세를 넘은 칼라시니코프에게는 제법 풍요롭고 살 맛 나는 노후였을 것이다.

비판

하지만 이런 노인에게 때때로 기자들이 찾아와 비슷한 질문을 던졌다.

"과거 50년간 가장 많은 사람을 죽인 AK를 만든데 양심의 가책은 없습니까?" 같은 어처구니 없는 질문이다. 칼라시니코프는 늘 반론했다.

"사랑하는 조국을 지키고 동포의 목숨을 구하고자 총을 만들었다. 앞으로도 나라를 지키는데 쓰였으면 한다."

총의 존재를 부정하려는 사람에게는 이해하기 힘든 말이지만 칼라시니코프의 말은 맞다. 총은 사람의 목숨을 앗아간다.

이것이 총의 부정적 측면이다. 하지만 총은 중요한 것을 지키기 위해 태어나기도 했다.

살아남기 위해 필요한 땅과 자기 자신을 지키기 위해 만들어지고 사용된 것이다. 잘못 쓰면 폭력과 침략을 위한 도구가 된다. 그런 잘못된 면만 보고 총의 존재를 부정하는 것은 좋지 않다. 그리고 총기설계자를 비판하는 것은 더욱 잘못됐다. 총이 없어서는 안되는 이유는 중요한 것을 빼앗으려는 사람들이 있기 때문이다.

칼라시니코프는 말한다.

"나는 내 발명품에 자부심을 가진다. 총은 평화를 유지하는데 쓰였으면 한다. 테러리스트의 손에 내 총이 들린 것은 슬픈 일이다. 정치가들은 총이 잘못된 손에 들어가는 것을 최대한 막기를 바란다."

칼라시니코프는 말을 이었다.

"나는 지금까지 생애 전부를 바쳐 총의 개량을 거

칼라시니코프 콘체른 설립 이벤트. 중앙의 인물은 우드무르트 공화국 대통령. 이 자리에 칼라시니코프 본인의 모습은 없었다

칼라시니코프 박물관에 전시되어있는 AK-47 type 1의 설계도

듭했다. 불행하게도 세상은 총을 계속 필요로 한다. 인류 최후의 날까지 총이 지구상에서 사라질 일은 없을 것이다."

AK가 전 세계에 보급된 것은 압도적인 신뢰성과 작동성을 가지면서도 값이 저렴한데다 단순한 구조 덕분에 생산성이 높아 공업기반이 약한 곳에서도 카피할 수 있기 때문이다. 또한 냉전이 한창일 때 세력을 키우기 위해 아랍 국가들이나 아프리카, 아시아의 무장세력들에도 대량으로 배포된 것이 원인이다.

이것들이 퍼져 결국 통제불능 상태에 빠졌다. 그 결과 "가장 많은 목숨을 앗아간 총" 은 물론 "대량살상병기" 라는 표현까지 얻게 됐다. 그 책임을 설계자에게 돌리는 것은 이상하다.

한 때 영국의 방송국이 칼라시니코프의 사냥 장면을 취재하겠다고 신청해 친구들과 사냥하는 모습을 촬영했다. 그리고 며칠 뒤 방송된 장면은 분쟁지역의 전투장면과 난민이 된 사람들의 영상 가운데에 사냥을 즐기는 칼라시니코프의 영상을 편집해 넣은 것이었다.

이런 언론의 집요한 공격에 자신의 신념을 지켜온 칼라시니코프였지만 정신적으로 꽤 지칠 때도 있던 모양이다.

영원한 안식

2013년 12월 23일, 미하일 칼라시니코프는 이제프스크 시의 병원에서 사망했다.

심장병으로 인해 입원과 퇴원을 거듭했지만 11월 17일에 입원한 뒤 위출혈로 인해 결국 불귀의 객이 되었다. 94세였으니 천수를 누린 셈이다.

이 때 전 세계의 언론이 그의 죽음을 일제히 보도했다. AK소총이 전 세계에 끼친 영향이 워낙 크기 때문이다.

다음해 1월, 러시아의 유력 일간지 이즈베스티야는 칼라시니코프가 세상을 떠난 그 해 4월, 러시아 정교의 최고 성직자인 키릴 총주교가 칼라시니코프로부터 참회의 편지를 받았다는 사실을 밝혔다.

이 기사에 의하면 칼라시니코프는 AK소총이 수많은 목숨을 앗아간데 대해 "마음의 고통을 견디기 힘들다" 고 고백하며 "나에게는 비록 적의 목숨이라도 함부로 빼앗은데 대한 죄가 있는가", "신은 빛과 그림자, 선과 악을 나눌 수 없는 것으로 창조했는가"라고 물었다고 한다.

키릴 총주교는 "조국방어를 위해 무기를 개발하고 생산하는것은 지지한다" 며 "칼라시니코프씨는 애국주의의 모범과도 같다" 는 답장을 보냈다고 한다. 언론의 집요한 공격에 자신의 신념을 당당하게 말하던 칼라시니코프도 자신이 한 일에 의문을 품는 순간이 있었다.

키릴 총주교의 답장으로 그가 마음의 안식을 찾았다면 다행이다. 다양한 분쟁에 AK가 쓰이는데 칼라시니코프의 책임은 없다.

칼라시니코프가 목표한 것은 조국과 동포를 지키는 일이었다. 조국은 소련에서 러시아로 이름을 바꾸고 정치체제도 급변했다. 스탈린을 신봉하던 칼라시니코프는 새로운 정부에 불만이 있었지만 그래도 러시아는 칼라시니코프의 조국이었다.

사랑하는 조국을 지키기 위해 총을 만들고 그 개량에 생애를 바친 칼라시니코프는 만족했을 것이다. 2013년 12월 23일, 그가 세상을 떠날 때까지 AK는 65년간 조국을 지켜왔으니 말이다.

콘체른 칼라시니코프 (이즈매쉬)

AK생산라인

Text: Satoshi Matsuo Photo:Hideo Sasagawa

▲소화기공장 규모로는 상당히 큰 편이다. 이 곳의 생산라인이 풀가동할 경우 AK소총을 1일 5천 정 가량 생산할 수 있다.

▼가늠자 뭉치 등은 선반에 의해 정밀가공된다.

▲▼각 부품은 열처리를 통해 적절한 경도를 가지게 된다.

▲반가공 상태의 측면 조준경 레일 연결부. 이 부품들은 열처리를 위해 대기 중이다.

▲판금 절곡, 절단 공정을 마친 AK소총의 리시버 부품, 이후 표면 처리 공정이 진행된다.

▲부품마다 열처리 가공이 이뤄진다. 그 분류작업은 사람의 손에 의한 수작업이다.

이제프스크 기계제작공장(Izhevsk Machine building plant)은 무기와 자동차, 모터사이클을 만드는 공장이다. 이 공장의 이름을 줄여 만든 약자는 서방식 알파벳으로 IZMASH, 즉 이즈매쉬라는 이름으로도 유명하다.

우랄산맥에서 산출되는 풍부한 철광자원과 볼가강 유역에 흐르는 볼가천에 인접했다는, 혜택받은 입지조건 덕분에 18세기 후반에 이곳에 철공소가 들어섰다. 1807년, 러시아 황제 알렉산드르 1세가 대규모 무기공장을 지을것을 명령해 이 땅이 선택됐다. 18세기 끝무렵부터 19세기 초반의 유럽은 나폴레옹이 이끄는 프랑스가 최대의 위협이었다. 이제프스크에 무기공장을 만든 것도 다가올 프랑스와의 전쟁을 대비해서였다.

1806년, 프랑스는 영국을 고립시키기 위해 대륙봉쇄령을 내렸지만 러시아는 1810년에 여기에서 이탈했다. 프랑스는 러시아를 응징하기 위해 1812년에 68만의 병력으로 러시아에 침공했다. 러시아에서 말하는 최초의 '조국전쟁'이 벌어진 것이다.

러시아는 90만의 병력으로 큰 희생을 치루고 승리를 거두었다. 이 때 러시아군에 무기를 공급한 것이 이제프스크 기계제작 공장이었다. 이 전쟁으로 인해 공장 규모가 커지고 이제프스크 시도 발전했다.

그 뒤 약 100년이 지나자 소련 정권이 수립되자 이제프스크 기계제작 공장은 국영 이제프스크 조병창이 되어 소련의 중요한 군수공장 중 하나가 되었다. 공산국가가 되면서 주변 국가들의 무기 수출 금지조치가 시행되자 조병창은 소련의 국방에 아주 중요한 시설이 되었다.

그 뒤에 벌어진 2차 대전에서 소련은 민족의 존망을 건 '대조국전쟁'을 벌였고 이제프스크 조병창은 1941년부터 5년간 1억 1,300만정의

▲리시버 덮개 부품들. 이 부품도 시트 메탈이다.

▲열처리가 끝난 부품을 검정 염색 공정에 올리는 크레인을 조작하고 있다. 크레인에 매단 채 검정 염색 액에 담그는 것이다.

▲검게 염색을 끝낸 AK-100 시리즈의 소염기

▲총열을 생산하는 냉간 단조 처리기. 이즈마쉬는 이 생산기계를 20 대 이상 보유하고 있다.

▲냉간단조 처리기의 관리는 100% 컴퓨터 제어로 이루어진다.

◀가공 처리가 완료된 총열들. 이 라인에서는 AK 이외에도 스나이퍼 라이플 SVD, SV-98, 그 외 민간용 라이플 등 각종 총기를 생산하고 있다.

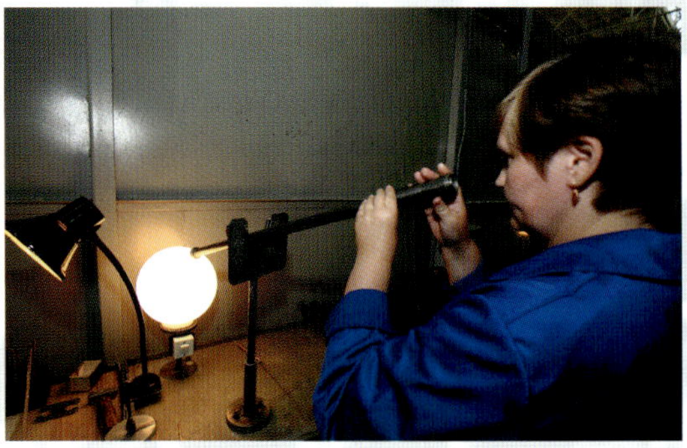

◀총열 부품의 육안 검사. 총열 검사는 인간의 눈으로 검사하는 것이 가장 높은 정밀도를 발휘한다. 이것은 옛날부터 변하지 않는 부분 중 하나이다.

총기를 생산해 전쟁에 크게 공헌했다.

미하일 칼라시니코프는 1947년에 AK-47의 생산을 지휘하기 위해 이곳에 왔다. 이제프스크 조병창은 AK의 주력 생산기지가 되었고 동서냉전이 시작될 무렵부터 이곳은 외국인이 드나들 수 없는 폐쇄도시가 되었다.

소련 정권이 붕괴된 후, 민영화된 이제프스크 조병창은 이제프스크 기계제작 공장으로 재출발해 군용 칼라시니코프 소총 외에도 드라구노프 저격총등의 각종 군용총, 항공기용 기관포, 유도폭탄, 민수용 사이가 라이플, 산탄총, 자동차, 모터사이클등을 생산하게 됐다.

하지만 2009년에 이제프스크 기계제작 공장의 경영이 위태롭다는 소식이 들리더니 2012년 4월에 도산해 버렸다. 그 해 11월, 이즈매쉬는 이제프스크에 있는 이즈메크(Izhevsk Mechanical Plant: Izmekh)등의 러시아 내 여러 총기 업체와 합병해 회사명을 '칼라시니

▲리시버와 총열을 이 곳에서 조립한다.

▲광학기기를 사용하여 조립 정밀도를 점검한다.

▲세세한 부품의 조립을 진행하고 있다.

▲지금까지 이즈마쉬에서 생산된 총기들이 전시되어 있다.

▲공장 내에는 칼라시니코프의 대형 사진이 걸려 있다.

코프'로 바꾸기로 했다. 2013년 9월에는 콘체른 칼라시니코프가 출범했다.

여기서 소개하는 사진은 2007년에 이즈매쉬 창사 200주년을 기념해 일반에 공개된 이 회사의 소화기 생산라인이다. 콘체른 칼라시니코프의 출범으로 많은 변화가 있겠지만 완전히 다른 생산기술이 도입되지 않는 한 소화기 생산현장에는 큰 변화가 없을 것이다. CNC설비가 즐비한 자동화 라인은 아니다. 많은 사람이 AK생산에 관여한다. 대량의 AK를 만들 수 있는 설비이지만 이미 1억정이나 풀린 만큼 새로운 수요는 제한적이고 가동되는 라인은 일부에 불과하다.

미하일 칼라시니코프는 이 공장에서 AK의 제조와 생산성을 개선하고 개량하는데 생애를 바쳤다. 칼라시니코프는 이 거대한 공장의 구석구석까지 훑어봤음에 틀림없다. 그리고 그의 지도를 받은 기술자들이 이 공장의 미래를 짊어진 AK-12의 생산을 담당하고 있을 것이다.

AK in SHOT SHOW2014

Text : Satoshi Matsuo　　Photo : Akira
Satoshi Matsuo

나이츠 아마먼트의 부스에는 많은 장미꽃이 장식된 칼라시니코프의 영정과 AKM 2정이 장식되어 있었다.
이 두 총은 소련제가 아니라 미국 Nodak Spud LLC.사의 하부 리시버 NDS-1, 상부 리시버는 세르비아제인 듯 하다. 나이츠 아마먼트사는 칼라시니코프 계열 총기와 직접 연관은 없지만 이 회사와 깊은 관계를 가진 유진 스토너가 생전에 칼라시니코프와 친밀했던 것을 기려 이런 전시물을 설치했다.

▲ 나이츠 아마먼트에는 영정이 전시되었을 뿐, 칼라시니코프의 경력등을 따로 표기하지는 않았다.

미국의 민수시장에서 AK는 엄청나게 풀린 총은 아니다. 미국의 사격인 및 수렵인들은 소총의 정밀도와 조작성을 중요시한다. AK는 정밀한 총도, 쓰기 쉬운 총도 아니다. 물론 가격도 무시할 수 없지만 정밀도와 조작성이 딸리면 어지간히 싸도 보급에는 제한이 있다. 이 때문에 일반적인 미국인 유저는 AK를 고르지 않는 경우가 많다. 하지만 밀리터리 스타일의 총기를 좋아한다면 칼라시니코프는 꼭 하나 가져야 할 모델이다. 어쨌든 하나 가지고 있으면 이런 사람들로서는 '폼'이 나니 말이다.

사법기관에서도 M16/M4계열 총기가 있는 이상 정밀도나 조작성이 떨어지는 AK계열을 장비해야 할 필요성은 낮다. 게다가 한때 적이었던 공산국가들이 사용한 총이라는 이미지가 정착한 이상 AK를 장비하기는 더욱 어렵다.

그런 상황인 만큼 미국에서 매년 1월에 개최되는 세계 최대의 총기박람회 SHOT쇼에서도 AK소총 및 그 '클론'의 숫자는 전체 규모에 비해서는 썩 많은 편이 아니다. 하지만 미하일 칼라시니코프가 사망한지 겨우 3주 뒤에 개최된 2014년도 SHOT쇼에는 회장 곳곳에 위대한 총기설계자의 사망을 추도하는 패널이 걸렸다.

여기서는 SHOT쇼 2014에 전시된 미국 시장 판매용의 AK계열 총기들을 소개해볼까 한다.

▲ American Tactical이 공급하는 AT-47. 구 유고제 부품을 기초로 미국제 리시버와 총열을 조립했다. 접절식 개머리판과 목제 개머리판은 이 회사 제품이다. 가스포트 부분에는 총류탄용 가늠자를 겸한 가스 차단기가 보인다.

▲Century International Arms는 군용 스타일 소총의 공급업자로 AK외에 RPK타입 총기도 취급한다.
오른쪽과 가운데의 6정은 센츄리언 39이며 왼쪽은 세르비아 차스타바사의 M70B1이다. 센츄리언 39는 모든 부품이 미국제이다.

◀총열이 짧고(16인치 미만) 개머리판이 달린 소총은 '숏 배럴 라이플' 로 분류되어 일반 소지허가를 얻을 수 없다. 이 때문에 개머리판을 없애고 권총으로 허가를 받는다. 모두 센츄리언 39의 바리에이션으로, 왼쪽 위는 얼핏 보면 개머리판이 달린 것 같지만 실은 개머리판이 아니라 팔에 씌워 총을 안정시키는 어댑터인 스태빌라이징 브레이스(Stabilizng Brace)를 장착한 SB-47이다.

▲ RWC그룹의 부스에도 칼라시니코프의 영정이 장식되었다. "미하일 티모페예비치 칼라시니코프, 1919년 10월 11일~2013년 12월 23일. 걸출한 총기 디자이너이자 발명가인 칼라시니코프는 긴 투병 끝에 숨을 거뒀다. 콘체른 칼라시니코프와 RWC그룹은 칼라시니코프씨의 가족, 친지, 그리고 동료 여러분께 애도의 듯을 전합니다"라고 적혀있다.
RWC그룹은 콘체른 칼라시니코프 제품의 미국 독점대리점이다. 즉 이즈매쉬 제품이나 이즈메크의 바이칼 브랜드같은 것도 RWC그룹을 통해 수입된다. 하지만 EAA도 사이가 브랜드를 다루는 등 미국내의 수입 대리점 계약이 어떤지는 좀 애매하다.

◀ 이즈매쉬의 사이가 산탄총. 위가 12게이지, 가운데가 20게이지, 아래가 .410이다.

▼ RWC 사이가 7.62×39mm 소총의 SU2업그레이드 버전. 라스베가스의 아스널사가 하부 리시버를 만든다. CAA제 슬라이드식 개머리판과 폴리머제 레일 핸드가드 RS47 세트 A, 그리고 CAA의 폴리머 그립인 AG47R을 장착했다.

스트라이크 인더스트리즈의 AK TRAX 레일 시스템. 핸드 가드가 전후, 위아래로 4개 분할되어 다양하게 조합할 수 있다. 기본적으로 후방의 TRAX2와 전방의 TRAX1의 조합이 사용된다. 가늠자 부분에는 가늠자 레일 2 (AKRR2)가 장착되어가늠자를 좀 더 낮게 장착할 수 있다.

▲칼라시니코프 소총용 부품을 공급하는 업체들도 많다. 이쪽은 샘슨(Samson) 매뉴팩처링 코퍼레이션의 K 레일 Model 1을 장착한 것. 개머리판에는 AK 치크 피스 AK-U-ADJ-CR이 장착되어있다. 뺨을 대기 어려운 U 타입의 접이식 개머리쇠에는 이것을 장착하여 기능성을 높힐 수 있다. 가늠자 부분에는 RSR 광학 마운트가 내장된 소형 도트 사이트가 장착되어 있다.

▲BHI (Black Heart International)제 M92 AK SBR. 이것은 세르비아의 차스타바 (Zastava) M92 권총을 기반으로 조립된 짧은 총신의 소총이다. 시장에 출시된 기존의 부품을 조합하여 제품화한 것으로 보인다. 그 밖에도 BHI SOPMOD AK와 5.56 × 45mm에 대응 한 BHI M82 AK SBR 등이 있다. 이쪽도 모두 기본이 되는 것은 차스타바 총기이다.

▲폴란드의 라돔(FB Łucznik-Radom sp. z oo)은 M96 Beryl 돌격소총을 공급하고 있다. 이것은 소련 붕괴 이후 NATO에 가입한 폴란드군이 채택한 AK 스타일의 5.56 × 45mm 돌격소총이다. AK의 디자인을 답습하면서도 리시버 좌측면의 조정간과 독자적 형태의 개머리판, 리시버 상단의 확장용 레일 등 독자적이면서 모던한 AK 스타일을 완성하고 있다.

▲이 총은 M96 Mini Beryl 오토매틱 카빈이다. 총열 길이는 일반형인 457mm에 비해 짧은 235mm이다.

▲라돔은 폴란드군 차기 제식 소총 사업에 참가하기 위해 MSBS (Modułowy System Broni Strzeleckiej : Module-based Firearm System)를 개발하고 있다. 폴란드 총기라는 점에서 주목받기 어려운 점은 있지만 MSBS는 FNH의 SCAR, 베레타의 ARX-160에 필적하는 사양을 갖춘 제품이다. 기본 라이플 디자인 뿐 아니라 불펍 디자인의 개발도 동시에 진행되고 있다.

◀TAPCO도 AK 플랫폼의 부품을 오랫동안 공급해온 업체이다. 최근에는 돌격소총 트렌드에 맞춰 AR 부품도 취급하고 있지만 여전히 AK와 SAIGA, SKS 등 구 공산권의 총이 주요 상품이다. 상단의 총기는 다크 어스 색상의 부품을 조립한 것으로 표준 핸드 가드, 개량형 개머리판, 30연발 탄창, 오리지널 스타일 권총 손잡이 등으로 조합하였다. 소염기 부분에는 경사 절단 처리된 소염기가 장착되어 있다. 하단의 총기는 검은색 부품으로 조립하였으며 레일 장착 핸드 가드, AK T6 접이식 개머리판, AK SAW 스타일 권총 손잡이와 짧은 접이식 앞손잡이 등으로 조합하였다. 매거진 커브 부분을 볼 때 이 총이 5.45×39mm 사양임을 알 수있으며 그에 따라 소염기도 AK-74 스타일이다.

▶상단의 총기는 루마니아 5.45mm 카빈을 기반으로 TAPCO의 AK 오리지널 개머리판과 AK-74 탄창 오렌지 색 제품을 조합 한 것. 하단의 총기는 차스타바 (Zastava) 제 M72B1 SAW로서 개머리판은 M70 어댑터 키트를 내장한 제품이며 탄창은 TEPCO의 30연발 탄창이다.

◀ 이쪽은 TAPCO사에서 공급하는 팀버 스미스(Timber Smith)의 고급 목재 부품으로 구성한 총기. 상단의 AKM은 블랙 라미네이트(합판) 모델, 하단의 AK-74은 레드 라미네이트 모델.

◀ IO Inc. 1995 년에 설립되어 초기에는 수입 업체였지만 2006년경부터 총기 생산을 시작하여 현재는 미국제 AK를 공급하고 있다. 한편으로는 폴란드 라돔에서 생산한 부품으로 미국의 파이오니어 암스가 제조한 모델도 함께 판매하고 있다.
사진의 총기는 라돔제 부품을 조립한 모델로, 상단이 Polish Archer 5.56×45mm 사양, 하단이 Polish Sporter 7.62×39mm 사양이다.

▶ 이 제품은 미국제 AK로서 최상단의 총기는 스포터 우드로서 라돔의 제품과 거의 같은 사양이지만 100$ 정도 가격이 높다. 중간은 스포터 택티컬, 하단은 헬하운드이다.

미국에서는 해외 업체가 생산한 대부분의 군용 총기는 수입할 수 없다. 하지만 일부 부품을 미국제 부품으로 대체하면 수입이 가능해진다. 아스널(Arsenal USA)는 2000년에 설립된 불가리아 · 아스널의 미국 법인으로 그러한 상황에 대응하여 각종 부품을 직접 제작하여 조립하는 등의 사업을 전개하고 있다.
앞서 소개한 RWC group LLC의 사이가 SU2 업그레이드 등의 총기에도 아스널에서 제작한 리시버가 사용되고 있다.
AK 스타일의 소총을 주요 제품으로 하고 있기 때문에 아스날의 부스에도 칼라시니 코프 씨의 영정이 장식되어 있었다. 이곳에는 방문자가 애도를 표할 수 있는 기장대도 설치되어 있었다.

◀ 2 정 모두 SLR-107FR라는 총기로서 불가리아제의 본체에 미국제 프레스 가공 리시버, 폴리머 소재의 접이식 개머리판을 결합한 제품이다. 사용탄은 7.62×39mm이지만 세부 디자인은 AK-74의 특징을 가지고 있다.

▶2 정 모두 SAM7K라는 총기로서 불가리아제 본체에 절삭 가공 리시버로 조합된 총기이다. 267mm의 단축형 총열에 개머리판이 없어서 미국 법률상으로는 권총으로 분류된다. 단순한 AK 복제품이 아니라 조정간을 좌우 양방 대응으로 교체하는 등 조작성을 향상시킨 총기이다. 양쪽 모두 7.62×39mm.

▲1993년 설립된 AK 소총 판매 회사 K-VAR 코퍼레이션에 아스날이 공급하고 있는 SAM7R 계열 제품들. 불가리아제 7.62×39mm 사양으로 절삭가공 리시버로 조립된 총기들이다. 위에서 두 번째 총기는 4피스 소염기를 장착하고 있다.

▲아스날은 K-VAR에 러시아제 사이가도 공급하고 있다. 이것은 SGL-31로서 AK-74 5.45×39mm의 민간 사양이다. 단 K-VAR의 사이가는 FIME Group, LLC가 수입하고 있다는 이야기도 있으며 아스날과 RWC group LLC의 관계는 불확실한 정보가 많다. 어쨌든 이 총기가 아스널의 부스에 전시된 것으로 보아 아스널이 참여하고있는 것은 틀림없을 것이다.

▲상단의 3정은 사이가 산탄총이며 하단은 SGL-34 소총이다. 이쪽도 이즈매쉬제 총기이며 K-VAR이 취급한다. 사이가 산탄총은 RWC group LLC의 부스에 전시되어 있던 것과 같은 스포터 사양이과 일반적인 AK 스타일을 그대로 답습한 사양이 있다.

▶모두 SLR-104UR. 숫자 104는 5.45×39mm 규격을 의미한다. 리시버는 프레스 가공 제품이다. 긴 총열에서 크린코프에 해당되는 단축형 총열까지 다양한 라인업을 전개하고 있다.

아래 사진에 있는 MTK90G-01 쥬빌리 (기념) 시리즈 골드 에디션은 2009년에 칼라시니코프 90세와 AK-74 35주년을 기념하여 만들어진 모델이다. 러시아제의 리시버에 미국제의 폴리머 개머리판 등으로 제조된 제품이다.
한정판 희귀품이기 때문에 만져볼 때는 케이스 오른쪽 아래의 흰색 장갑을 사용해야 한다.

분쟁지역의 AK

1997년~2013년

아프가니스탄, 캄보디아, 시리아, 이라크,
인도네시아, 팔레스타인, 소말리아, 인도양

Photo : Toru Yokota

2002년 아프가니스탄 북부 세베르간의 탈레반 거점에서 압수된 대량의 AK47

2010년 패트롤 임무 출발 준비 중인 아프간군 병사들. 아프간군에는 미군 중고품 M16이 지급되지만 격오지 부대 중 일부에서는 AK를 사용하는 대원도 종종 보인다.

2011 년 로갈 주 아프간 경찰 훈련소에서 AK소총의 사용법을 배우는 훈련생들

2010년 아프간 동부의 미군 기지에서 자신이 사용하는 AK47를 들고 포즈를 취한 아프간 경비원

1997년 태국 국경 부근 전선에서 AK를 장비한 캄보디아 정부군 병사

밀림 내의 정글전에서 AK를 난사하는 캄보디아 정부군 군인.
캄보디아에서의 전투에서는 정부군은 물론 이들과 대립하는 폴 포트 군도 AK를 사용하여 AK 대 AK의 싸움이 연출되었다.

적습에 대비해 참호에 몸을 엄폐한 캄보디아 정부군 병사

캄보디아 전장에서는 소년도 병력의 일부로서 최전선에 보내지고 있었다.

자유 시리아군 무기고에는 다양한 모델의 AK가 보관되어 있었다. 자유 시리아군은 대부분의 병사가 민간인으로 이루어진 민병대 집단이었지만, AK는 초보자도 취급할 수 있는 무기이다.

시리아 북부에서 싸우는 자유 시리아군 병사들. 시리아에서 무기의 가격은 나날이 높아지고 있으며 2014년 현재 AK 한 자루의 가격이 1,000 달러를 넘어선 실정이다.

자유 시리아군 등 반체제파의 경우 내전이 장기화되면서 무기와 탄약이 부족해지고 병사들에게 충분한 장비가 보급되지 않는 것이 현실이다.

자신이 아끼는 AK를 들고
있는 자유 시리아군 병사

2010년 AKM을 휴대하고 바그다드 국제 공항을 경비하고 있는 경비원

바그다드에 본사를 둔 영국 민간 경비 업체의 무기고

이라크 남부 바스라에서 임무 투입 전 총기 안전을 점검하는 경비원들

바스라에서 사격 훈련을 받는 이라크인 경비원

이라크 움카스르 항구를 경비하는 이라크군 병사

바스라에서 사격 훈련을 받는 이라크인 경비원

임무 종료 후 약실 내 안전을 확인하는 이라크인 경비원

2003년 이라크 전쟁 개전 직전 사담 후세인에 대한 충성을 맹세하는 사담 페다인 민병대

1999년 수마트라 북부에서 인도네시아로부터 독립을 위한 저항 활동을 하던 GAM (자유 아체 운동)의 게릴라 대원들

GAM 대원들은 AK47, M16, G3 등 다양한 총기를 사용하고 있었다.

GAM의 저항 운동은 1976년부터 2005년까지 약 29년 간에 이르렀다.

게릴라들은 해방구 내 민가를 거점으로 인도네시아 정부군을 공격했다.

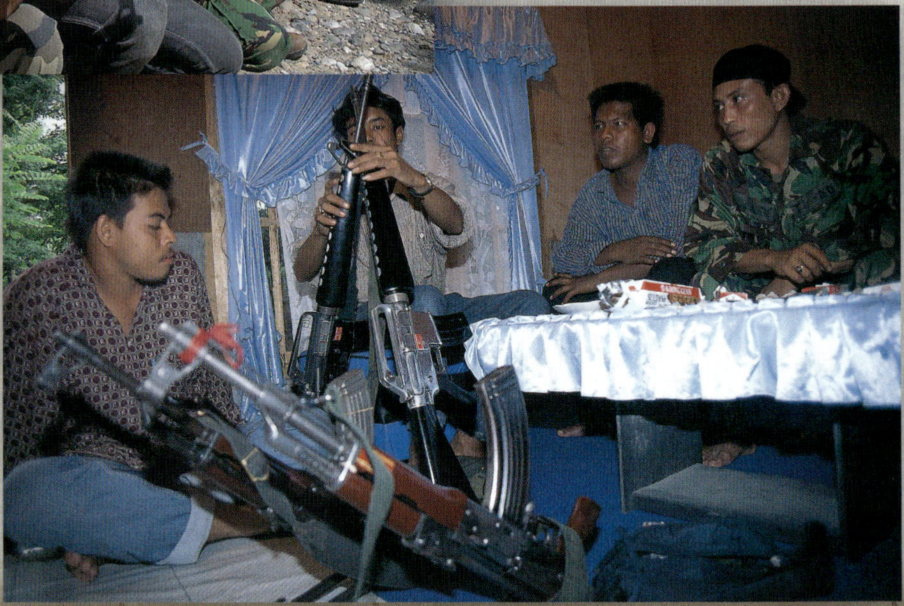

정부군을 매복 공격하는 게릴라 대원들.

이스라엘군의 공격을 받고 궐기한 하마스

2003년 이슬람 원리주의 조직 하마스의 일원. 팔레스타인 가자 지구 묘지에서.

2002년 소말리아의 수도 모가디슈 시장. 소말리아에서는 AK를 보지 않는 날이 없다고 해야 할 정도로 나라 곳곳에 AK가 넘쳐났다.

소말리아의 수도 모가디슈는 여러 군벌에 의해 지배되는 곳으로, 매일같이 시내 곳곳에서 교전이 일어나고 있었다.

소말리아는 단순한 취재를 하더라도 무장 경호원 없이 밖을 돌아다닐 수 없는 곳이다.

'카트' 라고 불리는 마약을 탐닉하는 민병대는 앞뒤 가리지 않고 마구잡이로 총을 쏘기 때문에 죄없는 민간인 희생자가 끊이지 않고 있다. (소말리아)

민병대의 군사 훈련 풍경. (소말리아)

소말리아 취재 당시 위험한 상황이 여러 번 발생했지만 무장 경비원이 있어 위기를 모면할 수 있었다.

AK는 모가디슈 도심의 바카라 시장에서 쉽게 구할 수 있다. (소말리아)

소말리아에서 볼 수 있는 무기는 대부분 AK 시리즈였다.

민병대의 군사 훈련 풍경. (소말리아)

민병대의 군사 훈련 풍경.
(소말리아)

사격 실력이 낮은 소년병이라도 AK는 쉽게 조작할 수 있다. (소말리아)

민병대의 손에 들린 AK는 그 가치와 위력을 증명하고 있다.
(소말리아)

국민의 90 % 이상이 무슬림인 소말리아에서는 민병대원들도 대부분 독실한 무슬림이다.

분쟁지역의 AK

도요타 트럭을 개조한 무장 차량(일명 테크니컬)으로 이동하는 민병대원들(소말리아)

폐허가 된 건물을 이용하여 적대 관계인 다른 민병대 그룹의 공격에 대비하는 모습. (소말리아)

2011년 일본에서 중동으로 항해하는 화물선을 소말리아 해적으로부터 경비하기 위해 승선한 스리랑카 해군 출신 경비원들 (인도양).

민간 선박에 무장 경비원을 승선시켜 해적에 의한 피해가 감소하고 있다 (인도양).

무가동 실총으로 보는

AK

소총의 바리에이션

협력: 시카고 레지멘탈즈 Text : Satoshi Matsuo

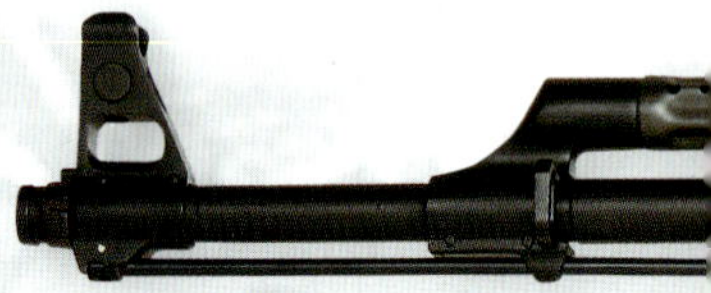

구 소련 AK-47 타입3

구 소련 AKM

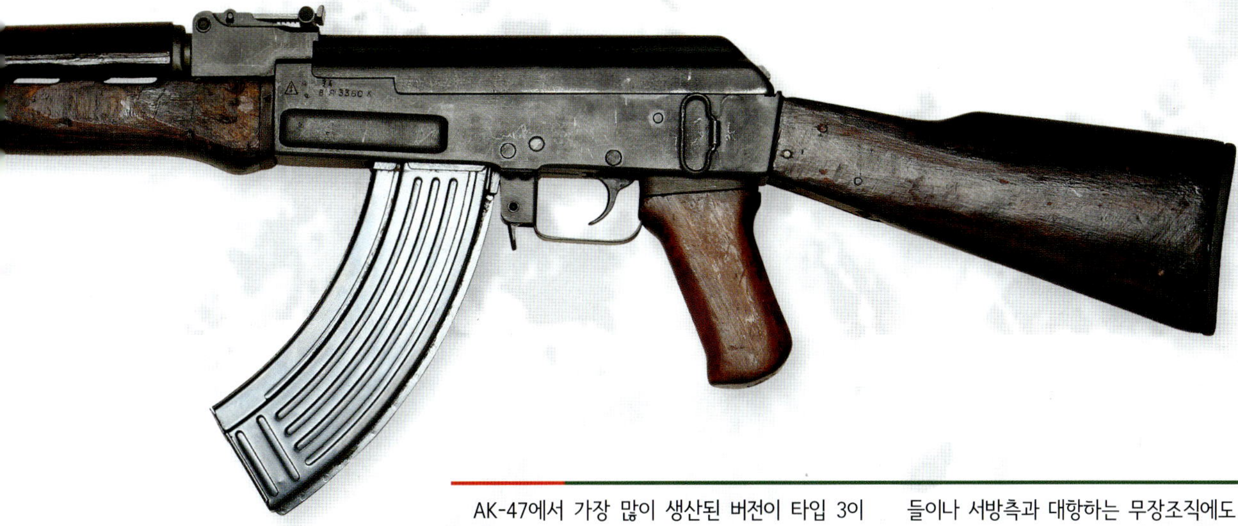

AK-47에서 가장 많이 생산된 버전이 타입 3이다. 사진의 총은 그 특징이 분명히 살아있다. 단조로 만든 강철 블록을 깎아 만든 리시버, 그 리시버에 직접 장착된 개머리판, 가스블록 왼쪽으로 옮겨진 앞쪽 멜빵고리, 리시버 측면으로 옮겨진 후방 멜빵고리등이 그것이다.

타입 3은 1953년부터 1959년까지 제조되었고 그 뒤 AKM의 생산이 시작되자 AK-47은 서서히 주변국에 뿌려지기 시작했다. 곧 바르샤바 조약기구 가맹국 뿐 아니라 소련의 영향아래 있는 다른 나라들이나 서방측과 대항하는 무장조직에도 보급되기 시작했다.

사진의 총은 이집트나 시리아에 보내진 듯 하다. 1967년의 3차 중동전 당시 이스라엘이 노획한 총이기 때문이다. 리시버 오른쪽에 있는 스티커가 바로 이스라엘이 노획한 뒤 붙인 것이다. 즉 이 스티커는 47년전에 붙은 것이다. 이스라엘은 노획한 AK-47을 분석한 뒤 그 터프함에 놀라 같은 구조의 제식소총을 개발하게 된다.

● 가격 : 엔화147,000 ●길이 : 870mm ● 사용탄 : 7.62×39 mm ● 장탄수 : 30발
(일본 국내법상 무가동 실총은 노리쇠가 후퇴된 채 용접되어 조작이나 장전이 불가능합니다)

처음에 프레스 가공으로 리시버를 만들었던 AK는 AKM에서 다시 프레스 공법을 도입했다. 리시버를 철판 프레스로 새로 만들면서 다시 선정작업이 진행됐고 여기서 승리를 거둬 제식채용된 것이 개량형인 AKM이다.

AKM은 AK-47과 기본 설계는 같지만 생산성은 크게 높아졌다. 개머리판과 총열덮개는 붉은 기운이 도는 합판이고 탄창도 적갈색 플라스틱제가 되었다. 권총손잡이도 적갈색 플라스틱이 되었으며 아마도 이 모양이 가장 AK다운 것 아닐까 싶다. 탄젠트식 가늠자도 총열의 개량으로 탄속이 빨라지면서 1,000m까지 표시되었다.

소련제 AKM은 1959년부터 74년까지 제조되었다. 이 때는 소련이 세력확장에 힘을 기울이던 때라 세계 각지의 분쟁지역에 퍼진 AK도 대부분 AKM아니면 AKM의 클론이다.

● 가격 : 엔화126,000 ●길이 : 898mm ● 사용탄 : 7.62×39 mm ● 장탄수 : 30 / 40발
(일본 국내법상 무가동 실총은 노리쇠가 후퇴된 채 용접되어 조작이나 장전이 불가능합니다)

폴란드 AK47S (PMKS) 컷 모델

구 동독 MPi-AKS-74N (AKS74)

동독은 바르샤바 조약기구 가맹국들 중 5.45×39mm를 채택한 5개국의 하나였다. 동독의 AK-74는 MPi-AKS-74N(MPi-KMS74)로 불렸다. MPi는 Machinenpistole의 약자이며 K는 칼라시니코프를 뜻한다. 동독에서의 생산은 1985년부터 시작되어 1990년까지 25만정이 생산되었다.

이 모델에 장착된 독특한 접절식 개머리판은 흔히 '동독 패턴' 으로 불리며 지름 약 10mm의 철제 튜브로 만들었다. 다른 것들과 달리 독특한 곡선을 그리게 만든 이유는 오른쪽으로 접었을 때 조정간 조작에 방해되지 말라고 한 것이다.

흔히 러시아 패턴이라고 불리는 하부 회전식 접절식 개머리판은 조정간을 가리므로 조작성을 악회시키는데, 동독식 개머리판은 독일인다운 기발한 발상이다.

다만 동독 패턴 역시 견착시의 어깨 느낌은 썩 좋은 편이 아니다.

● 가격 : 엔화157,500 ●길이 : 939mm(736mm) ● 사용탄 : 5,45×39 mm ● 장탄수 : 30발
(일본 국내법상 무가동 실총은 노리쇠가 후퇴된 채 용접되어 조작이나 장전이 불가능합니다)

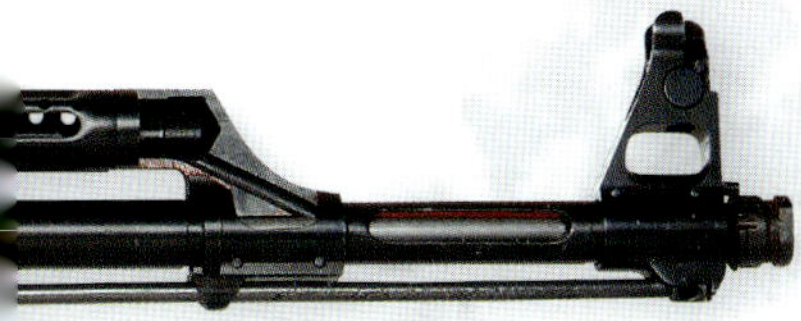

폴란드는 독자적인 총기개발능력이 있는 나라이지만 바르샤바 조약기구에 가맹한 이상 소련의 소화기 체계에 맞춰 통일시킬 수 밖에 없었다. 1957년, 폴란드는 AK의 생산을 시작했다. 생산거점은 라돔 제11공장으로, 한때 우수한 군용 권총인 WIS Wz1935를 만들었던 곳이다.

이 때문에 이 총에는 타원형 안에 11이라는 숫자가 박힌 각인이 찍혀있다. 폴란드판 AK-47은 모델명이 pmk로, pm은 기관단총, K는 칼라시니코프를 뜻한다. pmK는 1958년까지 44,060정이 생산되었다. 그 뒤 AK-47S의 폴란드판인 pmKS의 생산도 시작되었다. 이들 총기는 쿠바, 아랍 국가, 북베트남등에도 수출되었다.

사진의 총은 폴란드군에서 신병교육용으로 쓰인 절개모델(컷어웨이 모델)로, 구멍이 크게 뚫리지는 않았지만 가스피스톤, 폐쇄돌기, 격발기구등 내부구조를 볼 수 있다.

● 가격 : 엔화99,750 ●길이 : 913mm(660mm) ● 사용탄 : 7.62×39 mm ● 장탄수 : 30발
(일본 국내법상 무가동 실총은 노리쇠가 후퇴된 채 용접되어 조작이나 장전이 불가능합니다)

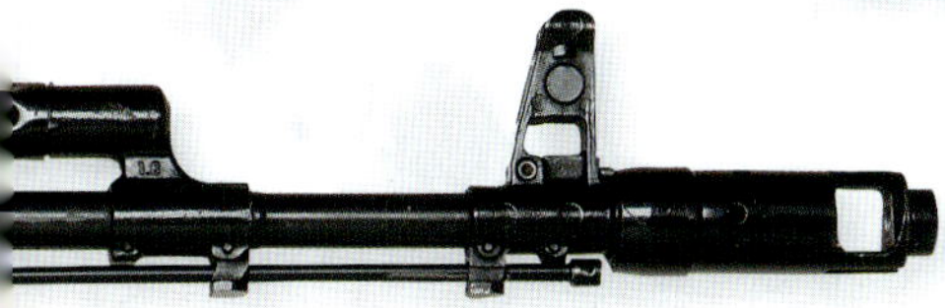

불가리아 RPK74 경기관총

중국 M80 (PKM) 다목적 기관총

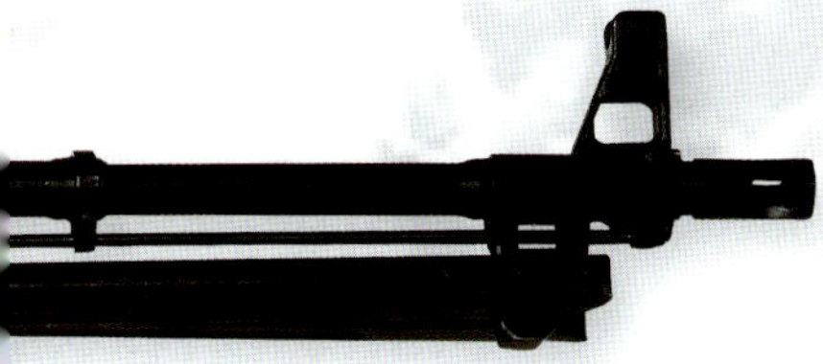

소련은 분대지원용 경기관총으로 AKM에 굵은 총열과 강화 리시버를 장착한 RPK를 채택했다.

경기관총이라고 해도 야전에서의 총열교환은 불가능하다. 5.45×39mm M74탄약을 사용하는 AK-74가 채택되자 이번에는 여기에 맞춰 RPK-74가 등장한다.

RPK와 RPK-74의 차이는 AKM과 AK-74의 차이와 거의 같고 기본 구조도 같다. RPK는 목제 개머리판과 총열덮개를 가지고 있지만 RPK-74는 초기가 목제, 그 뒤 플라스틱제가 되었다. 기본적으로 45연발의 긴 탄창을 쓰지만 너무 길어 엎드려쏴 자세에서 불편하다.

RPK에는 드럼탄창도 있었지만 RPK-74에는 없다. 다열식의 60연발 쟁반형 탄창도 기획됐지만 제대로 작동하지 않았다. 불가리아는 현재 AK를 베이스로 독자설계를 가미한 고품질 모델을 전개하고 있지만 바르샤바 조약기구 시절에는 소련과 같은 사양의 모델을 소련에서 아예 부품까지 받아서 만들었다.

● 가격 : 엔화168,000 ●길이 : 1,040mm ● 사용탄 : 5.45×39 mm ● 장탄수 : 30 / 45발
(일본 국내법상 무가동 실총은 노리쇠가 후퇴된 채 용접되어 조작이나 장전이 불가능합니다)

소련의 다용도 기관총인 PK는 양각대가 기본 장착된 기본형인 PK, 삼각대에 거치된 PKS, 전차 공축기관총용인 PKT, 차재기관총 PKB의 네가지가 기본형이다.

1969년에는 개량형인 PKM이 새로 나와 PKSM, PKTM등 바리에이션이 나왔다. 이 기관총들은 AKM을 기초로 다용도 기관총으로 만든 것이며 사용탄은 훨씬 강력한 7.62×54Rmm탄으로 바뀌었으며 공랭식, 탄띠급탄식, 오픈볼트 격발방식, 신속교환식 총열등을 갖췄다.

기본 구조는 AKM의 가스시스템을 아래위로 바꾼 것이며 현재도 현역이다.

중국의 북방공업공사(노린코)는 이 PKM을 카피해 해외에 수출하고 있다. 사진의 총은 유고슬라비아 내전에 사용된 것이다. 중국은 그 외에도 다양한 분쟁지역에 수출한다.

이 M80은 어디까지나 수출용으로, 자국군용으로는 독자개발한 67식 다용도 기관총을 쓴다.

● 가격 : 엔화262,500 ●길이 : 1,161mm ● 사용탄 : 7.62×54R mm ● 장탄수 : 벨트 급탄
(일본 국내법상 무가동 실총은 노리쇠가 후퇴된 채 용접되어 조작이나 장전이 불가능합니다)

중국 | 86S식 자동소총 (AK 불펍)

이스라엘 | 마이크로 갈릴 MAR 쇼트 카빈

FAL과 우지로 무장했던 이스라엘군은 제3차 중동전에서 아랍측의 AK를 노획한 뒤 그 성능에 놀랐다. 가혹한 사막에서도 압도적인 작동성능을 과시한 것이다. 이스라엘은 AK의 설계를 그대로 받아들인 신형 돌격소총, 갈릴을 개발하게 된다.

이스라엘 갈릴리(Israel Galili)와 야콥 리올(Yaacov Lior)가 이끄는 팀이 개발한 갈릴 소총의 내부구조는 AK그대로이지만 이스라엘 나름의 개량도 여러 곳에 되어있다.

권총손잡이에서 손을 떼지 않고도 조정간 조작이 가능하도록 왼쪽에도 조정간을 설치했고 장전손잡이도 위쪽으로 연장해 좌우 양쪽에서의 조작이 가능하게 했다.

사진의 마이크로 갈릴은 특수모델로, 길이도 짧아지고 장전손잡이도 아예 왼쪽으로 옮겨졌다. AK의 터프함과 우수한 조작성을 겸비한 갈릴은 AK의 개량 방향을 제시하는 총의 하나이다.

- 가격 : 엔화399,000 ●길이 : 약660mm (약450mm) ● 사용탄 : 5.56×45 mm
- 장탄수 : 35 / 50발 (일본 국내법상 무가동 실총은 노리쇠가 후퇴된 채 용접되어 조작이나 장전이 불가능합니다)

중국의 북방공업공사는 AK(56식)를 베이스로 만든 불펍식 소총을 개발했다. 56식을 좀 억지스럽게 불펍으로 만든 것이지만 핀란드의 발메(Valmet) M82를 의식한 듯 하다.

하지만 완성품은 장전손잡이나 운반손잡이, 가늠자/가늠쇠등을 프랑스의 FA-MAS에서, 전방 손잡이는 오스트리아의 AUG로부터 디자인을 베끼는 등 중국다운 모습도 보이고 있다.

조정간은 조작성을 의식해 권총손잡이 위에 솔치하는 등 제법 노력했다. 상당한 개조를 받았지만 리시버 형태와 권총손잡이는 AK그대로다. 오늘날에는 드문, 청소용 꼬질대가 총열 아래에 있는 디자인도 AK를 그대로 답습했다.

군용으로 개발된 듯 하지는 않으나 시제품에는 완전자동 버전도 있었으며 나중에 중국군 제식이 된 87식등의 차기 소총들과도 통하는 부분이 있어 일종의 기초연구용 시제품으로 개발됐을 가능성도 있다. 주로 미국 수출을 염두에 두고 제품화됐으나 중국제 총기의 미국 수출이 중지되면서 제조가 중지됐다.

● 가격 : 엔화189,000 ●길이 : 657mm ● 사용탄 : 7.62×39 mm ● 장탄수 : 20 / 30발
(일본 국내법상 무가동 실총은 노리쇠가 후퇴된 채 용접되어 조작이나 장전이 불가능합니다)

TOYGUN LINEUP

AK계열 모형총기 라인업

돌격소총 모형총기 중에서도 M16 계열에 이어 높은 인기를 보여주는 것이 AK 계열 총기이다. 일본의 업체로는 동경 마루이와 KSC에서 출시되는 제품 뿐이지만 다른 나라의 업체에서 많은 제품이 출시되고 있다. 또한 구 소련에서 설계된 '정통파' 시리즈 외에도 민간 경비원들이 개조한 사양을 참고한 제품도 인기를 얻고 있다. 여기서는 AK 총기를 재현한 각 업체의 모형 총기를 모아보았다.

* 제품 관련 정보는 P113 참조

도쿄 마루이

차세대 전동건 AKS74

AK47의 후속 모델인 AK74 시리즈의 대표적 파생형인 AKS74. 실총과 동일하게 가동하는 금속제 접이식 개머리판, 목제 총열덮개, 일명 붉은 탄창이라 불리우는 독특한 색상의 탄창 등을 충실하게 재현

DATA
- 발사 방식 : 차세대 전동
- 길이 : 705mm / 940mm(개머리판 전개 시)
- 높이 : 260mm
- 두께 : 70mm
- 무게 : 3,040g
- 장탄수 : 470발
- 초속 : 92.7m/s (0.86J)
- 집탄성 : 102mm (20m)
- 가격 : 엔화 52,290

도쿄 마루이

차세대 전동건 AKS74U

AK74의 쇼트 버전을 재현. 알루미다이캐스트제 리시버, 목제 단축형 총열 덮개, 실총의 색상을 재현한 탄창과 권총 손잡이 등 재현도가 높은 제품. 철판 프레스 접이식 개머리판은 실총과 같은 방식으로 전개가능.

DATA
- 차세대 전동건
- 길이 : 499mm / 739mm(개머리판 전개 시)
- 높이 : 270mm
- 두께 : 66mm
- 무게 : 2,630g
- 장탄수 : 74발
- 초속 : 87.8m/s (0.77J)
- 집탄성 : 105mm (20m)
- 가격 : 엔화 52,290

도쿄 마루이

차세대 전동건 AK102

해외수출용으로 5.56mm 나토탄 사양으로 설계된 AK74 계열 카빈 모델을 재현. 대형 소염기, 상하좌우에 액세서리 레일을 장비한 총열 덮개 등으로 구성되어 있으며 5.56mm 나토탄 사양 탄창의 외형을 재현한 장탄수 470발 연사 탄창이 기본 포함되어 있다.

DATA
- 발사 방식 : 차세대 전동
- 길이 : 605mm / 845mm(개머리판 전개 시)
- 높이 : 270mm
- 두께 : 75mm
- 무게 : 3,040g
- 장탄수 : 470발
- 초속 : 92.7m/s (0.86J)
- 집탄성 : 105mm (20m)
- 가격 : 엔화 52,290

KSC

AK74M 가스 블로우백

M4카빈 시리즈에 이어 돌격소총 GBB로 발매된 AK74M. 블랙피니쉬 처리된 수지제 총열덮개와 권총 손잡이, 개머리판 등이 채용되어 있다. 장탄수 420발 탄창에는 최초로 빈총 사격모드가 추가되어 BB탄 소모 없이 블로우백의 반동 만을 즐길 수 있다.

DATA
- 발사 방식 : 가스 블로우백
- 길이 : 704mm / 945mm(개머리판 전개 시)
- 높이 : 260mm
- 두께 : 72mm
- 무게 : 3,540g
- 장탄수 : 42발
- 초속 : 80.8m/s (0.65J)
- 집탄성 : 123mm (20m)
- 가격 : 엔화 52,290

KSC

AKS74U

짧아진 외부 총열과 총열 덮개는 물론 나팔형 소염기, 힌지 형태의 리시버 덮개, 뼈대형 개머리판, 짧아진 총열에 맞춰 길이가 조절된 가스 피스톤 등을 충실하게 재현. 총열 덮개와 권총 손잡이는 실총과 같은 색상 채택.

DATA
- 발사 방식 : 가스 블로우백
- 길이 : 502mm / 744mm(개머리판 전개 시)
- 높이 : 267mm
- 두께 : 75mm
- 무게 : 3,320g
- 장탄수 : 42발
- 초속 : 80.6m/s (0.65J)
- 집탄성 : 130mm (20m)
- 가격 : 엔화 49,875

LCT 에어소프트

LCKM (VER2009)

사실적인 재현으로 정평이 나있는 대만 업체 LCT 에어소프트의 전동 AK 시리즈의 플래그십 모델인 LCLM은 AKM을 재현한 전동건으로 중요한 존재이다.
풀메탈 동체와 AKM 특유의 소염기, 실총과 같은 합판제 총열 덮개와 개머리판 등으로 구성되어 있다.

DATA

- 발사 방식 : 전동
- 길이 : 913mm
- 무게 : 3,450g
- 장탄수 : 600발
- 참고가격 : 오픈 프라이스

LCT 에어소프트

LCKMS (VER2009)

AK47은 개머리판 고정식 외에도 전후로 회전하는 독특한 접절식 개머리판 장착 모델이 있다. LCKMS는 AKM의 접이식 개머리판 버젼으로 이 모델을 재현하고 있으며 접이식 개머리판 외에 합판제 총열 덮개가 장착되어 있다.

DATA

- 발사 방식 : 전동
- 길이 : 665 / 904mm(개머리판 전개 시)
- 무게 : 3,500g
- 장탄수 : 600발
- 참고가격 : 오픈 프라이스

LCT 에어소프트

TKMS

접이식 개머리판 장착형 LCKMS를 베이스로 상하좌우에 피카티니 호환 레일을 채택한 수지제 총열 덮개를 기본 장착한 TKMS. 도트 사이트와 소염기, 옵션 앞손잡이 등을 사용자 취향대로 추가 장착할 수 있다.

DATA

- 발사 방식 : 전동
- 길이 : 665mm / 925mm(개머리판 전개 시)
- 무게 : 3,200g
- 장탄수 : 600발
- 참고가격 : 오픈 프라이스

LCT 에어소프트

TIMS

AK47에는 동구권 국가에서 생산된 카피 모델이 여럿 존재한다. TIMS는 곡면 디자인이 특징인 접이식 개머리판을 채용한 루마니아의 AIMS를 베이스로 엑세서리 레일이 있는 총열 덮개를 장착한 모델이다. 소염기는 AKM 타입.

DATA

- 발사 방식 : 전동
- 길이 : 700mm / 920mm(개머리판 전개 시)
- 무게 : 3,280g
- 장탄수 : 600발
- 참고가격 : 오픈 프라이스

LCT 에어소프트

AK103

LCT 에어소프트는 AK47과 AKM 뿐 아니라 소구경 버젼 AK74 시리즈도 전동건으로 제작하고 있다. AK103은 블랙 피니쉬 처리된 수지 총열덮개와 접이식 개머리판을 채용한 AK74 최신 버젼이다. 탄창도 AK74 타입이 부속되어 있다.

DATA

- 발사 방식 : 전동
- 길이 : 710mm / 955mm(개머리판 전개 시)
- 무게 : 3,600g
- 장탄수 : 600발
- 참고가격 : 오픈 프라이스

LCT 에어소프트

AK104 NV

클론 모델은 상당수 존재하지만 본가 러시아제 AK 시리즈는 의외로 파생형이 드물다. AK104는 총열을 단축화한 AK103의 카빈 버전. 나팔형 크린코프 타입을 짧게 자른 소염기가 장착되어 있다.

DATA

- 발사 방식 : 전동
- 길이 : 590mm / 835mm
- 무게 : 3,400g
- 장탄수 : 600발
- 참고가격 : 오픈 프라이스

LCT 에어소프트

AMD65

AK시리즈의 클론 모델 중에서도 개성적인 외견을 가진 것이 헝가리제 AMD65이다. 단축형 총열과 측면분출형 소염기, 프레스 총열덮개, 독특한 앞손잡이, 접이식 개머리판 등이 장착되어 있다.

DATA

- 발사 방식 : 전동
- 길이 : 615mm / 855mm(개머리판 전개 시)
- 무게 : 3,200g
- 장탄수 : 600발
- 참고가격 : 오픈 프라이스

LCT 에어소프트

AKM-63

AKM-63은 AKM을 기반으로 AMD65의 특징을 도입한 모델이다. 풀 사이즈 총열에 AK47 방식의 총구커버, 목제 앞 손잡이와 권총 손잡이, AKM 방식의 개머리판이 장착되어 있다. 조정간 표식은 실총과 같은 형태로 표시되어 있다.

DATA

- 발사 방식 : 전동
- 길이 : 880mm
- 무게 : 3,450g
- 장탄수 : 600발
- 참고가격 : 오픈 프라이스

LCT 에어소프트

LCK106 NV

불가리아 아스널제 SLR106을 기반으로 한 크린코프 스타일의 마이크로 카빈 모델. 대형 소염기, 수지 총열 덮개와 AK103 방식의 접이식 개머리판을 장착. 탄창은 와플 무늬 형태의 제품이 포함되어 있다.

DATA

- 발사 방식 : 전동
- 길이 : 498mm / 730mm(개머리판 전개 시)
- 무게 : 3,500g
- 장탄수 : 450발
- 참고가격 : 오픈 프라이스

LCT 에어소프트

TX-63 NV

LCT 에어소프트는 러시아 오리지널 모델과 클론 모델을 재현할 뿐 아니라 독자적인 커스터마이즈 모델도 제작하고 있다. TX-63은 하드케이지 소염기, 레일 시스템, 목제 개머리판과 권총 손잡이 등으로 구성된 총기이다.

DATA

- 발사 방식 : 전동
- 길이 : 910mm
- 무게 : 3,550g
- 장탄수 : 450발
- 참고가격 : 오픈 프라이스

LCT 에어소프트

TX-M NV

AK시리즈를 사용하기 쉽게 개조한 총기 중에는 M4 카빈의 부품을 장착할 수 있도록 개조한 것도 존재한다. 카빈 크기의 TX-M은 M4 카빈의 접이식 개머리판, 레일 시스템이 장착되어 있다.

DATA

- 발사 방식 : 전동
- 길이 : 860mm / 780mm(개머리판 전개 시)
- 무게 : 3,600g
- 장탄수 : 450발
- 참고가격 : 오픈 프라이스

LCT 에어소프트

TX-65 NV

DATA

- 발사 방식 : 전동
- 길이 : 590mm / 840mm(개머리판 전개 시)
- 무게 : 3,350g
- 장탄수 : 450발
- 참고가격 : 오픈 프라이스

본래부터 개조 총기같은 느낌의 AMD65를 기본으로 개조된 총기를 콘셉트로 삼은 TX-65. 카빈 총열, 하드케이지 소염기, 레일 시스템, 접이식 개머리판, 와플무늬 탄창 등으로 구성되어 있다.

LCT 에어소프트

TX-MIG

AK시리즈의 개조 총기 중에서도 흔히 보이는 것이 레일 시스템과 M4 카빈 개머리판을 조합한 형태이다. TX-MIG는 풀 사이즈 레일 시스템과 접이식 개머리판을 채용한 전형적인 현대판 AK 스타일의 총기이다.

DATA

- 발사 방식 : 전동
- 길이 : 885mm / 970mm(개머리판 전개 시)
- 무게 : 3,800g
- 장탄수 : 450발
- 참고가격 : 오픈 프라이스

LCT 에어소프트

TXS-74UN

AK시리즈 중에서 이른 바 마이크로 카빈에 해당되는 AKS74U를 현대식으로 개조하는 경우가 많다. TXS-74U는 레일 시스템과 와플 무늬 디자인 탄창을 채택했을 뿐이지만 기본 총기보다 사용성이 상당히 높아졌다.

DATA

- 발사 방식 : 전동
- 길이 : 500mm / 730mm(개머리판 전개 시)
- 무게 : 3,200g
- 장탄수 : 450발
- 참고가격 : 오픈 프라이스

DATA

- 발사 방식 : 전동
- 길이 : 570mm
- 무게 : 3,160g
- 장탄수 : 450발
- 참고가격 : 오픈 프라이스

LCT 에어소프트

TK 피스톨

M16 시리즈 중 개머리판이 없으며 단축형 총열을 채택한 사양인 패트리어트 피스톨을 의식했으리라 생각되는 TK피스톨. 사용이 용이한 액세서리 레일 총열 덮개와 함께 총몸 뒷부분에는 멜빵 고리가 장착되어 있다.

CYMA

CM048S AKMS

최근의 AK 시리즈의 경우 다양한 파생형이 존재하지만 구 소련 시기의 모델은 파생형이 별로 없다.
AKMS는 AKM 시리즈의 몇 안 되는 파생형의 하나이며 AK47S와 같은 철판 프레스 접이식 개머리판이 장착되어 있다.

DATA

- 발사 방식 : 전동
- 길이 : 661mm / 914mm(개머리판 전개 시)
- 무게 : 3,400g
- 장탄수 : 600발
- 참고 가격 : 엔화 41,790 (UFC)

CYMA

CM048SU AKMSU

구 소련제 AK 시리즈 중에서도 AKMSU에 포함된 엄지 손가락을 끼워넣을 수 있는 총열 덮개는 매우 드물다. 접이식 개머리판을 접었을 때의 사용을 고려하여 독특한 형태를 취하게 된 것으로 보인다.

DATA

- 발사 방식 : 전동
- 길이 : 661mm / 914mm(개머리판 전개 시)
- 무게 : 3,400g
- 장탄수 : 600발
- 참고 가격 : 엔화 34,440 (UFC)

CYMA

CM050 AK AIMS 루마니아

구 공산권 국가 사이에서 대량으로 카피 생산된 AK 시리즈 중에서 구 동독과 루마니아의 카피 모델은 유명한 편이다. AIMS 루마니아는 그 이름 그대로 루마니아에서 생산된 모델로서 최대의 특징은 앞 손잡이가 달린 목제 총열 덮개이다.

DATA

- 발사 방식 : 전동
- 길이 : 700mm / 900mm(개머리판 전개 시)
- 무게 : 3,300g
- 장탄수 : 600발
- 참고 가격 : 엔화 39,690 (UFC)

CYMA

CM040B AKS104

러시아 이즈매쉬의 AK시리즈중에는 구 소련 시대에는 생각할 수 없던 바리에이션들도 해외 수출을 위해 만들어졌다. CYMA의 AKS104는 M4A1카빈과 흡사한 카빈 사이즈의 모델로, 금속제 접절식 개머리판, 나팔형 소염기등을 장비하고 있다.

DATA

- 발사 방식 : 전동
- 길이 : 595mm / 834mm(개머리판 전개 시)
- 무게 : 3,300g
- 장탄수 : 600발
- 참고 가격 : 엔화 29,190 (UFC)

CYMA

CM050A AIMS PMC

CYMA의 AIMS PMC는 루마니아제 AK인 AIMS를 기반으로 최근 유행하고 있는 현대판 AK 스타일을 만들어낸 총기이다. 하단 좌우에 레일이 있는 총열 덮개, 레일이 있는 가스 튜브, 블랙 피니쉬 권총 손잡이, 옆으로 접히는 접절식 개머리판을 장비했다.

DATA

- 발사 방식 : 전동
- 길이 : 700mm / 900mm(개머리판 전개 시)
- 무게 : 3,400g
- 장탄수 : 600발
- 참고 가격 : 엔화 39,690 (UFC)

G&G 아머먼트

GK74U 썸홀 핸드가드 ver.

오리지널 모델이 많은 G&G 아머먼트의 제품 중에서도 사실성 재현을 중시한 것이 이 모델이다. 크린코프를 기반으로 실총에 존재하는 엄지손가락 구멍(Thumb Hole) 총열 덮개, AKS74 형식의 금속제 접이식 개머리판을 장착하고 있다.

DATA

- 발사 방식 : 전동
- 길이 : 500mm / 745mm(개머리판 전개 시)
- 무게 : 3,240g
- 장탄수 : 450발
- 가격 : 엔화 오픈 프라이스

E&L AIRSOFT

AKM

실총의 군용총다운 딱딱한 스타일을 충실하게 재현한 E&L 에어소프트의 전동건 AK 시리즈. 사진의 AKM은 같은 회사의 플래그십 모델. 금속제 리시버와 합판제 총열 덮개와 개머리판, 수지 권총 손잡이 등으로 구성되어 있다.

DATA

- 발사 방식 : 전동
- 길이 : 916mm
- 무게 : 3,580g
- 장탄수 : 400발
- 가격 : 오픈 프라이스

E&L AIRSOFT

AK-74N

소구경 버전의 AK74는 탄약과 세부 사항 차이 뿐 아니라 사용성도 크게 향상된 총기이다. 사진의 AK-74N은 뼈대식 금속제 접이식 개머리판이 채용하였으며 실총과 같은 색상을 재현한 수지제 탄창이 부속되어 있다.

DATA

- 발사 방식 : 전동
- 길이 : 965mm
- 무게 : 3,680g
- 장탄수 : 400발
- 가격 : 오픈 프라이스

E&L AIRSOFT

AK104 PMC-A

수출을 의식한 러시아 이즈마쉬제 AK 시리즈는 파생형이 풍부한 편이다. AK104 PMC-A는 카빈 크기의 AK104를 기반으로 SAW 형태의 권총 손잡이, 접이식 개머리판을 장비한 현대판 총기로 블랙 피니쉬 처리된 탄창이 부속되어 있다.

DATA

- 발사 방식 : 전동
- 길이 : 815mm / 898mm(개머리판 연장 시)
- 무게 : 3,570g
- 장탄수 : 400발
- 가격 : 오픈 프라이스

클래식 아미

KREBS KC-89

AK47의 현대판 커스텀 업체로 널리 알려진 크렙스 커스텀의 AK47 커스텀을 전동건으로 재현. 크렙스사와의 정식 계약으로 각인은 물론이며 레일 총열 덮개, 탄창둑, 상단 레일, 조정간, 개머리판 튜브 등을 충실하게 재현하였다.

DATA

- 발사 방식 : 전동
- 길이 : 925mm / 1,050mm(개머리판 전개 시)
- 무게 : 4,400g
- 장탄수 : 600발
- 초속 : 95.8m/s (0.92J)
- 집탄성 : 90mm (20m)
- 참고 가격 : 오픈 프라이스

JG

AK 크렙스 SOPMOD2

현대식 커스텀의 파이오니아적 존재인 크렙스 커스텀의 AK47 커스텀을 이미지화한 모델. 하드케이지 소염기, 레일 시스템, SAW(M249) 형태의 권총 손잡이, EMOD 개머리판, 여기에 크렙스 오리지널 사양의 상단 레일이 장착되어 있다.

DATA
- 발사 방식 : 전동
- 길이 : 930mm / 1,030mm(개머리판 전개 시)
- 무게 : 3,890g
- 장탄수 : 550발
- 참고 가격 : 엔화 39,690 (UFC)

JG

AK 크렙스 택티컬 풀 메탈

크렙스 커스텀에는 여러가지 파생형이 존재한다. 사진의 AK 크렙스 택티컬은 카빈 총열, 레일 시스템, 앞손잡이, SAW 권총 손잡이와 리시버 덮개에 바로 장착된 상단 레일과 가늠자가 특징이다.

DATA
- 발사 방식 : 전동
- 길이 : 925mm
- 무게 : 3,900g
- 장탄수 : 550발
- 참고 가격 : 엔화 36,540 (UFC)

JG

AK 베타

AK47을 극단적으로 짧게 만든 스톡레스(개머리판이 없는 모델) 스타일의 AK 베타이다. 크린코프 소염기, 하단 레일이 포함된 단축형 총열 덮개, 크린코프 스타일의 가늠자를 장비했다. 장탄수 250발의 단축형 탄창이 부속되어 있다.

DATA
- 발사 방식 : 전동
- 길이 : 485mm
- 무게 : 2,115g
- 장탄수 : 250발
- 참고 가격 : 엔화 18,375 (UFC)

JG

RPK

RPK의 특징인 연장형 총열과 양각대 등을 사실적으로 재현. AK47에 비해 크기가 커진 총열 덮개와 권총 손잡이, 개머리판 등은 실제 목제 사양이다. 리시버 좌측에는 최근 AK의 특징이라 할 수 있는 마운트 레일이 장착되어 있으며 일반적 형태의 600연발 탄창이 부속되어 있다.

DATA
- 발사 방식 : 전동
- 길이 : 1,050mm
- 무게 : 4,200g
- 장탄수 : 600발
- 참고 가격 : 오픈 프라이스 (AIRSOFT97)

GHK

AKS74U

GHK의 가스 블로우백 건 AKS74U는 금속제 리시버와 접이식 개머리판, 합판제 총열 덮개 뿐 아니라 내부 메카니즘도 가능한 한도 내에서 재현되어 있다. 가스 블로우백이기에 가능한 강한 사격 감각도 매력.

DATA
- 발사 방식 : 가스 블로우백
- 길이 : 500mm / 730mm(개머리판 전개 시)
- 무게 : 2,930g
- 장탄수 : 48발
- 가격 : 엔화 57,750 (UFC)

SHOP CUSTOM PICKUP

샵 커스텀 픽업

HAMMERS

KTR-08 커스텀 라이플

현대적 커스텀의 대명사인 크렙스 커스텀의 걸작인 KTR-08을 LCT에서 전동건으로 재현한 것으로, K5타입 하단 레일 핸드가드, AMD63타입 가스튜브, 상단 레일, 커스텀 조정간 레버, SAW타입 권총손잡이, MOD스톡등을 장비했다. 오리지널의 투박하고 단순한 스타일과는 한 획을 긋고 기능성과 다용도성을 추구한 총이다.

DATA

- 가격 : ASK (도트 사이트, 옵션 앞 손잡이는 별매)
- 문의처 : 해머즈

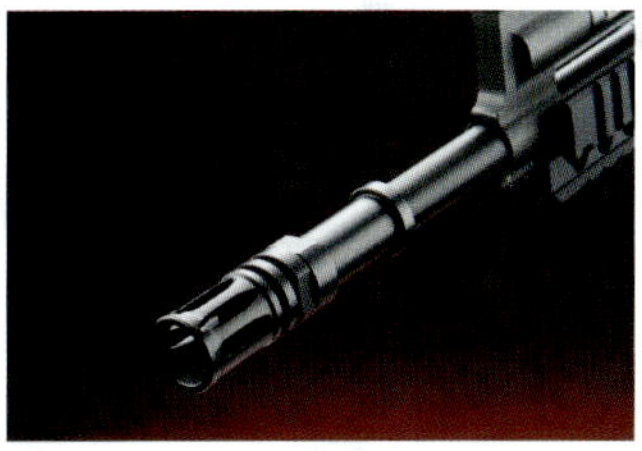

오리지널 스타일의 외부 총열에 하드케이지 소염기 부속.

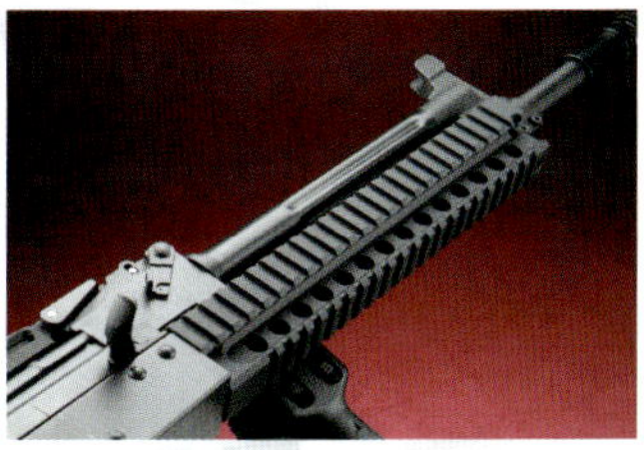

범용성을 높이는 K-5 하단 레일 총열 덮개에 AMD63 형식의 가스 튜브를 장착.

광학기기를 탑재할 때에 편리한 상단 레일. 접이식 가늠자가 포함되어 있다.

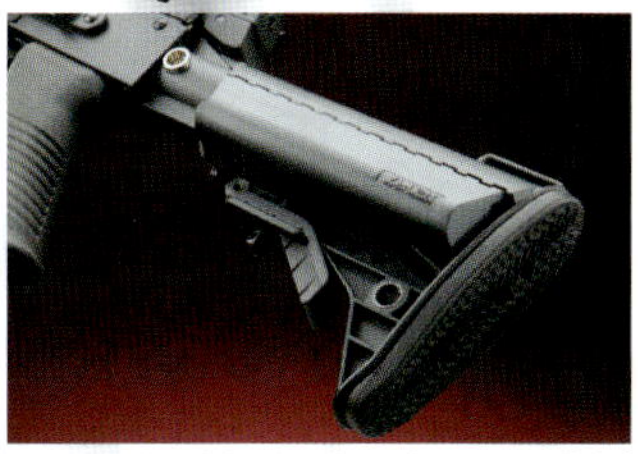

M4카빈 사용자가 적응하기 쉬운 MOD 개머리판 장비.

HAMMERS

KTR-AKS74UN

작고 사용하기 편한 마이크로 카빈 타입의 AKS74U는 현대식으로 커스텀되는 AK 총기의 베이스로 사용되는 경우가 많다. 해머즈는 크렙스 커스텀의 AKS74U를 사실적으로 재현. 아세날제 SLR106에 부속된 소염기, UltiMAK 형식의 총열 덮개, 크렙스 타입의 커스텀 조정간과 탄창 멈치, SAW 권총 손잡이, 부슈마스터 타입 개머리판을 장비. AKS74U의 잠재성을 완전히 활용한 커스텀 모델이다.

DATA

- 가격 : 엔화 48,000 (옵션 앞 손잡이는 별매)

SLR106의 소염기는 컴팩트한 AKS74U에 안성맞춤

UltiMAK 타입 총열 덮개의 상단 레일에는 도트 사이트 탑재 가능

노리쇠 멈치 기능이 있는 조정간에 탄창 멈치를 장비

원래 부품보다 좀 더 확실하게 쥘 수 있는 SAW 타입 권총 손잡이 장착

제품 문의처 (LCT에어소프트 국내문의: 인팬트리 www.infantryshop.com)

* 업체 정보는 일본 현지 사정에 따라 변경될 수 있습니다.

AIRSOFT97…http://airsoft97.jp

Gunsmith바톤 (E&L AIRSOFT) …TEL049-293-2199

http://gunsmithbaton.com

킨와…http://www.kinwa-co.jp/

KSC…http://www.ksc-guns.co.jp/

도쿄 마루이…TEL03-3605-3378

http://www.tokyo-marui.co.jp/

Noob Arms (LCT 에어소프트)

http://noobarms.lazy1st.net/

해머즈…TEL042-512-8163

http://www.hammers-heaven.com/

UFC…http://www.ufc-web.com

연방법 922r

E. Morohoshi
PHOTO : Turk Takano

최근 미국의 총기 시장에서는 AK계열 총기가 나름 인기를 얻으며 꾸준히 판매 수량을 유지하고 있다. 이들 AK계열 클론의 대부분은 오리지널 동유럽제 부품을 수입해 미국에서 조립한 뒤 완성했다. 일종의 녹다운 생산 방식인 셈이다.
외국제 군용 총기를 곧바로 미국에 수입하는 것은 총기 규제법인 GCA68에 저촉되므로 미국 연방법 제922항 (r)항목, 일명 '922r' 을 통과해야 한다. 여기서 GCA68과 922r에 대해 좀 알아보자.
존 F. 케네디 대통령 암살(1963년), 말콤 X암살(1965년), 마틴 루터 킹 목사 암살(1968년), 로버트 케네디 상원의원 암살(1968년)등 총기에 의한 대형 암살이 잇따라 벌어지자 1968년에는 외국제 군용 총기 및 소형 권총 수입을 규제하는 연방법, Gun Control Act 1968 -일명 GCA68- 이 시행된다.
사이즈가 작은 발터 PPk도 GCA68에 걸려 미국 수입이 금지됐지만 최대 시장인 미국을 어떻게든 유지하려던 발터는 급히 프레임 사이즈가 큰 PP의 프레임에 PPk슬라이드를 얹은 PPk/s를 만들어 대처했다.
GCA68의 규제대상은 대부분 '외국제' 로, 설령 외국제 군용총과 기능이나 외관이 완전히 같아도 미국내에서 부품을 조립해 완성하면 대상에서 벗어난다. 많은 미국의 총기 규제들과 마찬가지로 GCA68에도 이처럼 법적으로 빠져나갈 구멍이 있던 것이다.

GCA68규제 초기에는 인기 있는 외국제 군용 총기는 FAL정도에 불과해 규제 대상 자체가 적다보니 별 문제가 안됐다.
총기 애호가라면 AK-47이나 SKS에 관심이야 있었지만 한참 냉전중이던 그 시절에 철의 장막 너머에 있는 총기는 갖고 싶어도 입수할 수 없었다. 그러다 보니 성능이 과대평가되는 동시에 많은 애호가들에게 일종의 '환상속의 그대'처럼 되어버렸다.
하지만 80년대부터 냉전구조가 흔들리면서 동유럽 국가들이 외화획득을 위해 총기를 차례차례 미국에 수출하기 시작했다.
완성품 군용총이야 규제대상이지만, 부품을 수입해 미국내에서 조립하면 문제가 없다. 이러면 GCA68의 규제가 무의미해진다. 그래서 1990년에 무분별한 녹다운 생산(부품 수입후의 조립생산)을 규제하기 위해 등장한 것이 연방법 922r이다.
922(r)은 수입 총기 부품에 관해 아래와 같은 조항을 품고 있다. 미국 밖에서 수입된 부품으로 AK등의 군용 총기를 미국내에서 제조할 경우 예외 없이 다음에 나열된 20가지 부품들 중 수입 부품의 숫자를 10점 이내로 억제해야 한다.

(1) 리시버
(2) 총열
(3) 총열 연장부
(4) 트러니온(총열을 장착하는 부분)
(5) 총구 장착 장치(소염기, 제퇴기 등)
(6)의리쇠
(7)의리쇠뭉치
(8) 오퍼레이팅 로드
(9) 가스 피스톤
(10) 방아쇠 수납부
(11) 방아쇠
(12) 해머(공치치기)
(13) 시어
(14) 디스커넥터
(15) 개머리판
(16) 권총손잡이
(17) 포어암
(18) 탄창 본체
(19) 탄 밀대
(20) 탄창 바닥

이들 중 수입 부품의 숫자가 10점 이내라면 그 총은 GCA68규제대상에서 벗어난다. 예전에는 16종의 부품 중 10점이었지만 지금은 20종 중 10점으로 확대됐다.

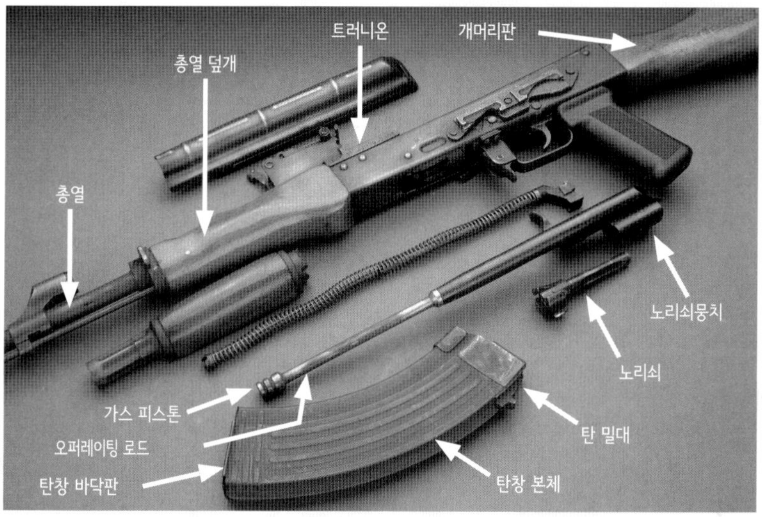

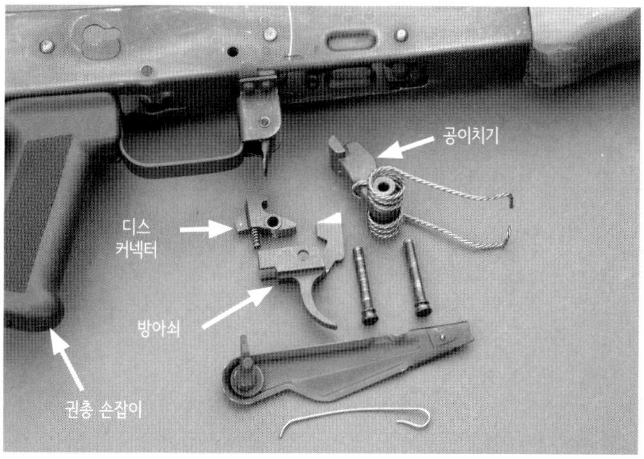

AK소총의 탄약

7.62 × 39mm & 5.45 × 39mm

Satoshi Matsuo

7.62×39mm M1943탄약

흔히 소련의 7.62×39mm M1943소총탄이 독일군의 7.92×33mm탄에 자극받아 소련에서 비슷한 탄약으로 개발했다고 한다. 간단하게 단언하기는 어렵지만, 사실이라고 하기는 어렵다.

1909년, 제정 러시아 시대의 블라디미르 페데로프(Vladimir G. Federov)는 신형 자동소총에 쓰기 위해 모신-나강 소총에 쓰이던 M1891/M1909 7.62×54Rmm 탄과 권총용의 7.63mm 마우저탄의 중간 정도 위력을 가진 탄약을 찾고 있었다. 그 결과 발견한 것이 일본군의 38식 소총에 사용되는 6.5×50mm SR탄으로, 페데로프는 자신이 개발한 M1916 소총을 이 탄약에 맞게 완성했다.

얼마 뒤 러시아 혁명이 벌어져 러시아 국내에 대혼란이 찾아왔다. 페데로프의 자동소총도 내전에 사용됐다. 그 뒤 소련 공산정권이 수립되고 페데로프 M1916도 소련군을 위해 양산이 진행됐지만 생산이 생각대로 이뤄지지 않았다. 혁명의 혼란으로 우수한 기술자들이 사라졌기 때문이다. 또 M1916자체도 쇼트리코일 구조 등 당시의 다른 소총들에 비해 복잡하고 완성도 자체도 높지 않은 점이 문제였다.

이러다 보니 소련군은 기존의 M1891 모신-나강 소총의 개량형을 생산-보급하는데 우선할 수 밖에 없었다. 또 이 때의 탄약도 기존과 같은 강력한 7.62×54mmR탄이었다.

1920년대 후반에 소련군 포병위원회는 새로운 자동소총의 개발을 요구했지만 이 때도 탄약은 바뀌지 않았다. 스탈린의 강한 요구가 있었기 때문이다. 위력을 낮춘 신형 소총탄으로 바꾸는 것은 시기상조라 판단했을 것이다. 하지만 소련은 소형 소총탄의 개발을 계속하면서 여러 종류의 시제품 탄약을 만들었다.

1920년대부터 30년대에 걸쳐 독일에서도 여러 탄약 메이커가 다양한 단축형 소총탄의 개발연구를 진행했다. RWS사는 7x46mm, 8x46mm, Geco는 7.7×39.5mm, 7.75×40mm, 8×41mm등 꽤 다양한 칫수의 탄약을 개발하고 있었다. 폴테(Polte)사도 7.9×33mm등 비슷한 탄약을 몇 종류 개발중이었다. 이것들이 나중에 7.92×33mm로 발전한다. 하지만 당시의 개발 데이터가 소련 스파이에 의해 유출됐을 가능성도 있다.

Geco의 7.7×39.5mm탄은 사실 소련의 7.62×39mm 탄약과 칫수가 아주 흡사하다. 탄약의 명칭에 사용되는 숫자는 실제 칫수와 다른 경우가 많다. 소련의 7.62×39mm는 탄자 지름이 실제로는 7.9mm이며 Geco의 7.7×39.5mm는 실제로는 7.92mm다. 겨우 0.02mm의 차이에 불과하다. 탄 전체의 길이도 7.62×39mm가 55.6mm, 7.7x39.5mm가 55mm다. 7.62×39mm의 탄피에는 상당한 경사가 있지만 실은 Geco에서 만들었던 7.7mm도 마찬가지다.

Geco의 7.7mm탄은 M35로 불리며, 하인리히 폴머(Heinrich Vollmer)가 만든 시제품 자동소총 M35에도 사용되었다.

M35는 결국 생산되지 못했지만 독일은 1942년 여름에 성능이 비슷한 7.92x33mm탄을 사용하는 헤넬사의 Mkb42(H)를 소련전선에 투입했다. 뭐가 어쨌든 Geco의 7.7mm탄과 소련의 7.62x39mm탄, 즉 M43탄은 매우 흡사하다. 소련이 소형 탄약을 개발하는 과정에서 독일에서 얻은 정보(어떻게 얻었는지는 몰라도)를 활용했을 가능성은 부인하기 어렵다.

사실 소련이 M43탄약을 채용할 당시만 해도 칫수는 7.62×41mm로 탄피가 살짝 길었다. 이 초기형 M43탄약은 RPD기관총과 반자동의 SKS소총에 채택되었다.

곧 탄피가 2mm짧아진 뒤 AK-47에도 채용됐다. 왜 일단 채택한 7.62×41mm를 폐기하고 7.62×39mm로 했는지 이유는 알 수 없다. 뭔가 문제가 있던 찰나에 독일로부터 얻은 정보를 토대로 시험한 뒤 그대로 채용했는지도 모른다.

M43탄약은 철심 주변을 납 외피로 감싼 뒤 그것을 황동 껍질로 감싼 탄자를 가지고 있으며 탄피는 연철로 만들었다.

처음 2년 동안 탄피는 황동으로 도금됐다. 그 뒤 단순한 구리 도금으로 바뀌었다. 1950년부터 1960년대 초반에는 구리 워싱(아주 얇은 구리 코팅), 혹은 올리브 그린 색 락카 도장으로 바뀌었다. 뇌관은 두 개의 발화 구멍을 가진 베르던 타입으로, 붉은 락카로 밀봉되어 있다. 사용 화약은 소련제의 SSNf-50(더블베이스)이다.

7.62×39mm탄약은 폭넓게 사용된다. 소련이 바르샤바 조약기구의 제식탄으로 삼은데다 사회주의 확산을 위해 세계 각국에 AK를 탄약과 함께 뿌렸기 때문이다. 총 자체가 1억정 넘게 만들었으니 탄약은 엄청난 양이 생산되었을 것이다.

20세기 후반에 가장 많이 만들어지고 소비된 탄약은 7.62×39mm일지도 모른다. 하지만 우수한 탄약이냐 하면 그것도 애매하다.

7.62×39mm는 2차 대전 당시 주류를 이루던 고위력 소총탄을 짧게 해 근거리용 자동소총에 쓰기 좋은 탄약으로 개발한 것이다. 새로운 발상을 실천하는 대신 기존 소총탄의 탄피와 탄자를 짧게 줄였을 뿐이다. 그 때문에 용도가 상당히 제한되어버렸다. 5.56×45mm가 등장하자 빠르게 색이 바랬다. 그 때문에 소련은 소구경 경량고속탄의 개발에

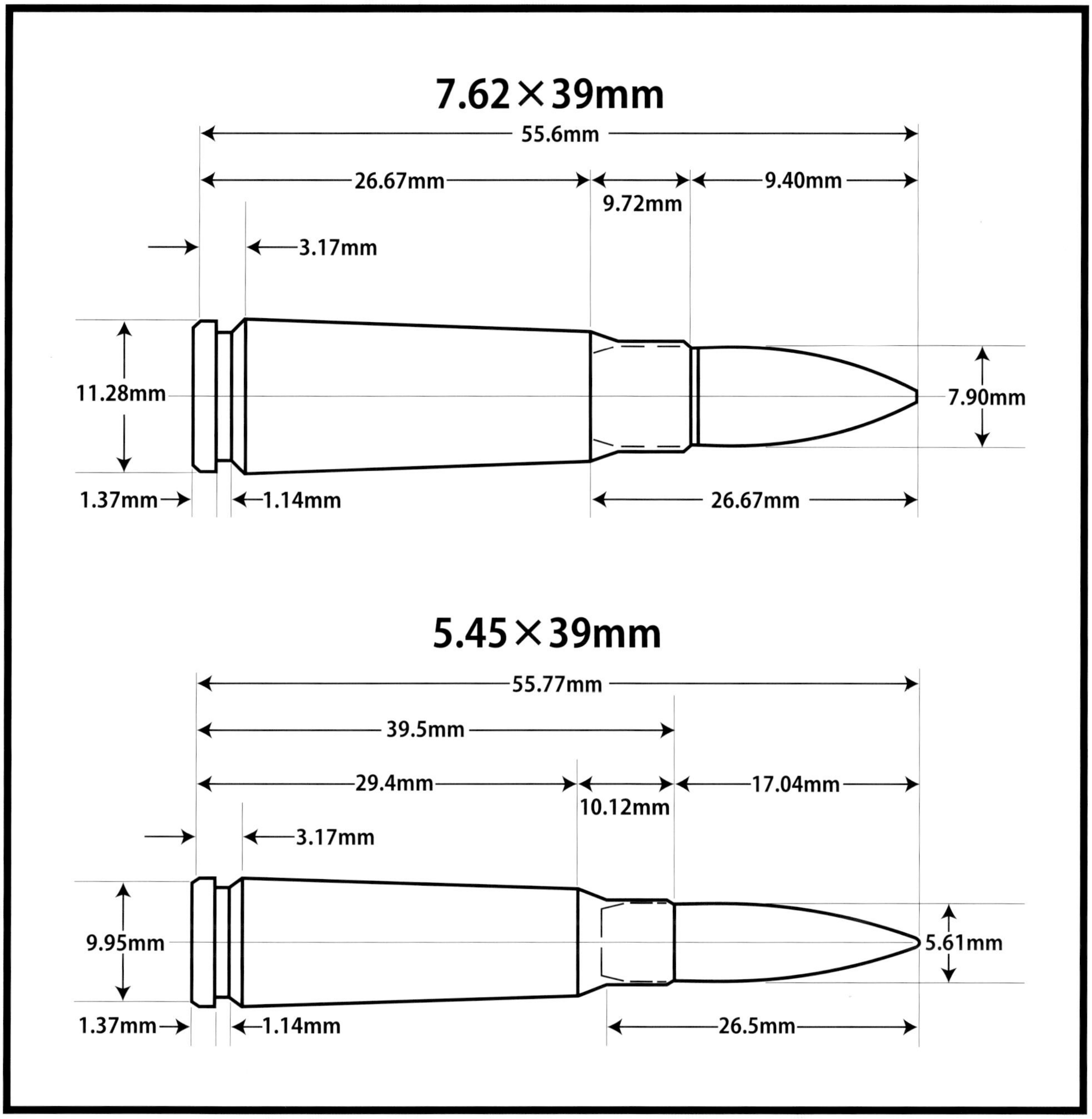

발빠르게 움직였다.

이라크와 아프간에서 미군이 5.56x45mm의 한계에 봉착하자 더 장거리에서 대응할 탄약으로 새로운 6.5mm나 6.8mm탄약이 대두됐다. 하지만 이것들은 결국 어정쩡하다는 이유로 미군에 채택되지 않았다.

이 당시에 등장한 6.5mm 그렌델도, 6.8mm SPC도 제원상으로는 7.62×39mm와 비슷하다.

7.62×39mm는 7.62×51mm에 비해 완전자동의 콘트롤이 훨씬 쉽다. 하지만 5.56×45mm에 비하면 콘트롤이 어렵고 제법 총이 날뛰는 편이다. 근거리의 적을 상대로 제압사격을 퍼붓는데는 문제가 없지만 멀리 떨어진 적에 대해서는 효과가 크게 떨어진다. 그것이 7.62×39mm의 한계다.

5.45×39mm M74탄약

1974년, 소련은 신형 소구경 경량탄으로 5.45×39mm 7N6(M74)탄을 개발한다.

개발을 맡은 것은 소련 중앙 과학조사 연구소에 소속한 Victor Sabelnikov와 그의 팀이었다. 1960년대 후반부터 개발이 시작된 이 탄약은 M16에 쓰인 M193탄약을 분석해 동등, 혹은 그 이상의 성능을 목표로 개발됐다.

탄자 지름은 5.61mm로, M193(5.69mm)보다 약간 가늘다. 탄피 길이는 약 39.5mm로, M193은 44.7mm이다. 탄피 밑지름은 9.95mm로, M193은 9.6mm이다. 길이는 짧지만 더 굵은 탄피를 쓰는 셈이다. 탄피 용량 자체는 M74가 좀 작지만 탄자가 M193보다 탄피에 얕게 물려있기 때문에 실제 용량은 비슷하다.

탄자는 굵은 연철제 심을 얇은 납으로 감싼 뒤 금속 껍질로 감싼 구조이지만 끝 약 5mm 부분이 빈 공간(에어스페이스)으로 남아있는 점이 최대의 특징이다.

표적에 맞으면 연철과 납으로 된 알맹이가 이 에어스페이스쪽으로 쏠려 탄자의 밸런스가 무너지면서 표적 안에서 텀블링 현상이 심하게 벌어지게 하려는 것이었다. 적의 몸 안에서 탄자를 고의로 뒤흔들어 놓아 관통력을 낮추는 동시에 탄이 가진 에너지를 최대한 표적에 대한 손상으로 바꾸려는 것이었다.

기존의 7.62×39mm M43탄에 비해 훨씬 가늘고 가벼워진 5.45mm탄은 2,953fps (900m/s)로 탄속이 매우 빨라졌다.

M193의 3,199fps(975.3m/s), M16A2에 쓰인 M855탄의 3,051fps(930.2m/s)에 비하면 좀 느리지만 꽤 빠른 축에 속하며 앞에서 언급한대로 고의로 텀블링을 일으키는 특성 때문에 소련에서는 더 우수한 탄약이라고 판단한 듯 하다.

탄자 중량은 53gr.(3.43g)으로, AK-74의 강선 회전수는 7.85 인치(199.39mm)당 1회전으로 설정되어 있다. 탄자 중량에 비해 상당히 회전수가 높다.

5.56mm의 위력에 회의적인 현대에는 믿기 힘들지만, 1960년대 후반~70년대 초반에는 일부에서 5.56mm가 비인도적이라고 여겨졌다. 기존 탄약보다 살상력이 지나치게 높다는 주장이었다. 1973년, 스톡홀름 국제평화 연구소(SIPRI)는 '군비/군축연감'의 비인도적 무기 항목에서 M16소총의 사용금지를 권고했다. 5.56mm탄이 너무 탄속이 빠르고 덤덤탄 같은 효과가 있어 1899년의 헤이그 평화회의에서 이뤄진 제3 선언에 저촉된다는 것이다. 탄속이 빠르면 인체에 맞을 때 인체 조직의 강한 저항으로 인해 탄자가 변형되면서 인체 조직이 심하게 파괴된다는 이유 때문이었다.

실제로 M193의 탄속은 3,199fps으로, 7.62×51mm의 2,700fps(823.2m/s), 7.62×39mm의 2,300fps(701.2m/s)에 비해 빠르다.

하지만 오늘날 5.56mm가 7.62×51mm보다 유달리 살상력이 높다고 믿는 사람은 별로 없다- 당시만 해도 SIPRI같은 기관조차 진지하게 이런 사실을 믿을 정도였지만 말이다.

물론 5.56mm가 사용금지가 된 일은 없을 뿐더러 그 다음해에는 바르샤바 조약기구도 비슷한 소구경탄을 채택한다.

그 시대에는 고속경량탄이 과잉평가됐다. 소련은 고속경량탄을 더욱 진화시켜 고의로 텀블링을 일으키는 탄까지 개발한 것이다. 그리고 1979년에 소련이 아프가니스탄을 침공하면서 5.45mm의 진가가 알려졌다.

그 이전에도 서방측은 소련이 신형 탄약을 개발하고 배치하는 사실을 알고 있었다. 하지만 실물이 없다보니 놀랄만한 고성능 탄약이라는 소문이 퍼졌다.

당시 소련의 보안유지는 철통같아 자국의 신무기를 공개하는 일이 아주 드물었다. '철의 장막 너머' 라는 표현은 결코 과장이 아니었던 시절이다.

아프가니스탄을 침공한 소련군은 AK-74를 장비한 만큼 이 총과 탄약이 무자헤딘에 노획되는 것도 시간문제였다.

무자헤딘은 CIA의 지원을 받은 만큼 노획된 AK-74는 당장 미국에 보내져 테스트됐다. 그리고 성능이 알려진 만큼 좋지는 않다는 사실이 밝혀졌다.

문제의 텀블링 효과가 어떤 평가를 받았는지는 모르지만, 5.56mm탄에 에어스페이스가 추가되지 않은 것을 보면 큰 효과는 없다고 판단했을 가능성이 높다.

소련이 무너지고 러시아 연방이 된 직후인 1993년, 5.45mm에 신형탄인 7N10이 등장했다. 탄자 중량이 55gr.(3.56g)으로 약간 늘었다. 이것은 방탄복에 대응하려는 것으로, 100m에서 16mm의 철판을 뚫을 수 있다.

M74탄의 탄피는 철제로, 올리브 그린 색 락카를 칠했다. 뇌관은 M43과 같은 베르던식이다. 뇌관 부분은 붉은 락카로 밀봉되어 있는 것도 같다. 화약은 싱글베이스로, 루마니아제 SF033FL을 쓴다.

5.45mm는 바르샤바 조약기구의 제식탄이 되었지만 이 탄약 및 총기를 배치한 곳은 소련 외에는 불가리아, 동독, 폴란드, 루마니아 뿐이었다. 바르샤바 조약기구 가맹국이지만 헝가리와 폴란드는 채용하지 않았다. 공산권이 무너지지 않았다면 이 나라들도 5.45mm를 채용했을지도 모른다. 충분히 보급되기 전에 공산주의가 무너진 것이다.

결국 7.62×39mm처럼 중국이나 아프리카, 아시아, 중동권에 널리 보급되지는 못했다.

현재 5.45mm를 쓰고 앞으로도 쓸 예정인 나라는 러시아뿐이다(북한도 사용중이지만 미래에 어떨지는 알 수 없다).

구 바르샤바 조약기구 가맹국은 러시아 외에는 전부 5.56mm NATO로 옮기고 있다. 이런 면에서는 5.45mm가 마이너해지고 있다. 미국 민수시장에도 판매되고 있지만 5.45mm 총기는 종류가 적고 원래 5.45mm로 개발된 모델도 대부분 5.56mm로 개조되었다. 이 때문에 5.45mm와 접할 기회는 상당히 적다.

Specifications

	7.62×39mm M43		5.45×39mm M74		5.56×45mm M193		5.56×45mm SS109	
탄두 중량	124gr		53gr		55gr		62gr	
탄약중량	18.2g		10.5g		11.8g		12.31g	
거리	탄속	에너지	탄속	에너지	탄속	에너지	탄속	에너지
0m	2,329fps	1,482ft.lbs	2,963fps	1,026ft.lbs	3,199fps	1,248ft.lbs	3,051fps	1,304ft.lbs
100m	2,040fps	1,174ft.lbs	2,631fps	815ft.lbs	2,795fps	953ft.lbs	2,730fps	1,008ft.lbs
300m	1,545fps	652ft.lbs	2,060fps	499ft.lbs	2,053fps	745ft.lbs	2,132fps	615ft.lbs
500m	1,122fps	345ft.lbs	1,552fps	283ft.lbs	1,378fps	232ft.lbs	1,640fps	364ft.lbs

구 소련 이외의 국가에서 제작된 AK소총

Satoshi Matsuo

AK소총은 많은 나라에서 카피가 나왔다. 그 대부분은 라이센스 생산이 아니라 소련이 공산권 확대를 노리고 많은 나라들에 AK소총의 제조를 묵인하거나 권유한 결과다.
여기서는 AK를 직접 만든 나라들과 그 모델명을 나열했다. 여기서 나열하지 못한 바리에이션도 많다. 기본적으로 군용으로 제조된 것과 그것을 이용한 수출모델만 나열했다. 미국내에서 922r에 대응하기 위해 만든 모델은 너무 많아 전모를 파악하기 힘들어 여기서는 제외했다.

이라크

1980년대 후반에 제조 시작. 1972년에 소련과의 우호조약을 체결하면서 그 이전부터 많은 AK가 흘러들었다.

Tabuk
AKM의 카피. 가늠쇠만 중국식이다. 러시아식 접절식 개머리판을 쓰지만 소련제보다 개머리판이 약간 길다. 총열이 짧은 버전도 있으며 유고슬라비아의 지원을 받아 만들었을 가능성이 높다. 7.62x39mm.
Tabuk 5.56
Tabuk의 5.56mm버전.
Tabuk DMR 7.62
Tabuk에 긴 총열, 드라구노프식 개머리판을 장착한 저격 버전. 7.62×39mm.

이집트

1960년대 전반에 AKM을 만들기 시작했다. 그 전에는 소련에서 AK-47 타입 3을 수입해 썼다. 1980년대부터 수출도 시작.

Misr7.62
AKM및 AKMS의 카피. 7.62×39mm
SAR-1
Misr7.62의 수출형. 동독형 접절식 개머리판 장착. 7.62x39mm

북한

1958년부터 생산. 원래는 소련제 부품의 조립에 불과했지만 1960년대에 완전한 국산화를 달성했다. A, B는 해외 분류.

58식(A)
AK-47 타입 3의 카피. 7.62×39mm
58식(B)
AKS-47 타입 3의 카피. 7.62×39mm
68식(A)
AKM의 카피. 해머 리타더는 없다. 7.62×39mm
68식(B)
AKMS의 카피. 러시아식 접절식 개머리판. 7.62×39mm.
88식
AK-74의 카피. 5.45×39mm

중국

1956년 자국 군용으로 AK-47을 채용. 처음에는 부품을 수입하여 조립하는 정도였지만 이후 완전자국 생산 체제로 전환하였다.
같은 사회주의 국가이면서 중소 간의 이데올로기 논쟁이 표면화된 1960년대 이후 중국은 자국산 AK를 대량으로 생산하여 세계 각지의 분쟁 지역에 배포하기 시작하였다. 그 중 대부분이 제조국을 특정하는 각인이 없는 제품이다. 1980년대 중반 중국의린코의 AK가 서방 시장에 등장하였으나 테러조직에 수출된 것이 발견되고 이를 이유로 이유로 미국 시장에서 배척되었다.

56식
AK-47 타입 3 7.62×39mm
56식 1기형
AK-47 타입 3 접이식 스파이크 총검 7.62×39mm
56식 2기형
AK-47 타입 3 접이식 스파이크 총검 조정간 표시가 알파벳 7.62×39mm
56식 3기형
AKM 접이식 스파이크 총검 조정간 표시가 알파벳 7.62×39mm
56식-1
56식의 구 소련제 접이식 개머리판 장착 7.62×39mm
56식-1 1기형
56식-1 접이식 스파이크 총검付 7.62×39mm
56식-1 2기형
56식 3기형의 구 소련제 접이식 개머리판 장착 7.62×39mm
56식-1 3기형
56식-1 2기형(총검 없음) 7.62×39mm
56식-1 4기형
56식-1 2기형의 총검 장비 형식, 플라스틱 총열 덮개 7.62×39mm
56식-15기형
56식-1 3기형의 측면 접이식 개머리판 장착 , 플라스틱 총열 덮개 7.62×39mm
56식-2
56식-15기형의 알파벳 표시 조정간 7.62×39mm
QBZ-56C
AKM 단축형 총열 측면 접이식 연장 폴리머 개머리판 7.62×39mm
AK-2000
56식-2 5.56×45mm.

헝가리

1963년에 AK의 자국내 제조를 개시. 독자적인 확장식 전방 손잡이를 장착한 점이 외관적 특징

AMD-63
AK-47 타입 3 동일 7.62×39mm
AMD-65
AKM의 디자인을 기반으로 앞 손잡이를 장착. 고정식 개머리판 사양 외에 독자적인 완충기를 내장한 측면 접절식 개머리판 장착 7.62×39mm
AMD-65M
AMD-65의 단축형 총열 사양 쇼크업소버 내장 측면 접이식 개머리판 장착 7.62×39mm
NGM5.56
AMD-63 수출 사양 5.56×45mm

구 동독

1957년, AK-47 타입 3을 제조개시. 베를린 장벽 붕괴 후1990년에 제조종료. 당시 구 소련 사양 접절식 개머리판 사양을 보유하고 있었으나 이후 독자적인 싱글 와이어 접절식 개머리판을 개발했으며 이것은 일반적으로 구 동독식 접이식 개머리판이라 불리운다. 이와 같은 형태의 개머리판은 폴란드, 루마니아, 헝가리, 불가리아에서도 제조되었다. 구 동독제 AK 자체도 냉전 중 많은 분쟁지역에 수출되었다고 생각된다.

MPi-K
AK-47 타입 3 동일, 청소용 꼬을대 없음 7.62×39mm
MPi-KS
AKS-47 동일, 구 소련 패턴 접이식 개머리판 장착, 청소용 꼬을대 없음, 7.62×39mm
MPi-KM
AKM 동일, 소염기 없음, 청소용 꼬을대 장착, 7.62×39mm
MPi-KMS72
MPi-KM 동일, 구 동독 패턴 접이식 개머리판 장착 7.62×39mm
MPi-KMS74
MPi-KM의 5.45×39mm 사양
MPi-KM74NK

MPi-KMS74의 구 동독 패턴 접이식 개머리판 장착 5.45×39mm
STG941
AK-74카피 모델, 5.56×45mm 사양
STG942
STG941의 구 동독 패턴 접이식 개머리판 장착, 5.56×45mm
STG943
STG942의 단축형 총열 사양, 5.56×45mm

불가리아

1964년, Arsenal에서 제조개시. 제작이 시작될 당시는 부품을 수입하여 조립하는 정도였지만 이후 완전자국생산 체제로 전환하였다. 1985년, AKM 사양으로 전환한다.
AKK
AK-47 타입 3, 7.62×39mm
AKKS
AK-47 타입 3, 측면 접이식 개머리판, 7.62×39mm
AKKM
AKM 동일, 7.62×39mm
AKKMS
AKM의 개머리판을 측면 접이식 개머리판으로 변경한 모델
AK-47M1A1
AKK 기반, 5.56×45mm
AKS-47M1
AKK 기반, 구 소련 패턴 접이식 개머리판 장착, 5.56×45mm
AKS-47S
AKK 기반,구 동독 패턴 접이식 개머리판 장착, 7.62×39mm
AKS-47UF
AKK 기반, 구 소련 패턴 접이식 개머리판 장착, 7.62×39mm
AK-74
AK-74구 소련 카피 , 블랙 플라스틱 개머리판 사양, 5.45×39mm
AKS-74
AK-74구 소련 카피 , 측면 접이식 개머리판 사양, 5.45×39mm
AKS-74U
8.3"총열 사양, 5.45×39mm
AK-N
AK-74 기반, 5.56×45mm
AKS-N
AKS-74 기반, 5.56×45mm
AKS-NU
AKS-74U 기반, 5.56×45mm

폴란드

1960년에 AK-47 국산화

PMK
AK-47 타입 3의 카피 , 손잡이 부분에 체커링 처리, 명칭변경 Kbk AK, 7.62×39mm
PMKS
AKS-47의 카피 , 명칭변경 Kbk AKS 7.62×39mm
PMKM
AKM카피 , 명칭변경 Kbk AKM 7.62×39mm
PMKMS
AKMS카피 , 명칭변경 Kbk AKMS 7.62×39mm
Wzor-88
AK-74M폴란드 사양으로 고정식 개머리판 장착과 구 동독 패턴 접이식 개머리판 장착
5.45×39mm
Wzor-88 Short
AKS-74U폴란드 사양, 5.45×39mm
Wzor-96
Wzor-88의 5.56×45mm 사양
Wzor-96 Short
Wzor-88 Short의 5.56×45mm 사양

루마니아

1960년대 전반에 AK-47의 자국생산 개시
AI
AK-47 타입 3루마니아 사양. 옵션 앞 손잡이 장착
AIS
AKS-47 타입 3루마니아 사양. 옵션 앞 손잡이 장착, 구 동독 패턴 접이식 개머리판 장착
AIM
AKM루마니아 사양. 옵션 앞 손잡이 장착, 7.62×39mm
AIMS
AKMS루마니아 사양. 옵션 앞 손잡이 장착, 구 동독 패턴 접이식 개머리판 장착, 7.62×39mm
AIR
AKMS단축형 총열 모델, 옵션 앞 손잡이 장착, 구 동독 패턴 접이식 개머리판 장착, 7.62×39mm
ARM
7.62mm AK-74 타입 의 7.62×43mm 사양, 옵션 앞 손잡이 장착
AKM
5.45mm,AK-74 타입 , 옵션 앞 손잡이 장착,5.45×39mm
AKM M86 5.45mm
AK-74M 타입 , 옵션 앞 손잡이 장착, 구 동독 패턴 접이식 개머리판 장착, 5.45×39mm
AKM M86 Commando 5.45mm
AKS-74U 타입 , 구 동독 패턴 접이식 개머리판 장착, 5.45×39mm
M97
5.56mmAKM M86의 5.56×45mm 사양

유고슬라비아

1964년, AK-47자국생산개시, 1970년에 AKM으로 생산모델 교체

M64
AK-47 타입 3카피 , 7.62×39mm
M64A
AK-47 타입 3카피 , 유탄발사기 장착, 7.62×39mm
M64B
AKS-47 타입 3카피 , 유탄발사기 장착, 구 소련 패턴 접이식 개머리판, 7.62×39mm
M70
AKM카피 , 7.62×39mm
M70A
AKMS카피 , 구 소련 패턴 접이식 개머리판, 7.62×39mm
M70B1
M70에 유탄발사기 장착, 7.62×39mm
M70AB2
M70A에 유탄발사기 장착, 7.62×39mm
M77B1
AKM의 7.62×51mm 사양, 구 소련 패턴 접이식 개머리판 장착 버전도 있다.
M76
AKM의 7.92×57mm Mauser 사양, 단발 전용 저격총 모델
M80
AKM의 5.56×45mm 사양, 유탄발사기 장착
M80A
AKMS의 5.56×45mm 사양, 유탄발사기 장착, 구 소련 패턴 접이식 개머리판

AK 소총이 사용된 전쟁 / 분쟁 1949-2013

Satoshi Matsuo

제2차세계대전 종전 후 현재까지 수많은 전쟁, 분쟁, 내전 등이 세계 각지에서 발생하였다. 냉전시대에는 그러한 각종 분쟁에 동서 양 진영의 대립이 어떠한 형태로든 영향을 미쳤다. 냉전시대가 지난 후에는 강대국 간의 대규모 충돌이 발생할 가능성은 크게 줄어들었으나 세계 각지에서는 분쟁이 끊이지 않고 있다. AK 소총은 그러한 분쟁지역에서 대량으로 투입되고 사용되어 왔다. 그 중에는 양측이 모두 AK를 사용하는 경우도 적지 않았다. AK소총이 사용된 전쟁, 분쟁, 내전 등을 정리해 보았다.

말라야 분쟁 Malayan Emergency • 1948-1960
말라야 연방 (Federation of Malaya) 내의 말라야공산당에 의한 무장봉기. 말라야 연방정부와 영국정부에 의해 진압. 말라야 연방은 이후 말레이지아가 된다.

라오스 내전 Laotian Civil War • 1953-1975
좌파 파테트 라오와 라오스 왕국정부에 의한 내전. 좌파와 우파의 대립을 넘어 동서 양 진영의 대리전쟁으로 발전. 베트남 전쟁과 함께 종결.

베트남 전쟁 Vietnam War • 1954-1975
제 1차 인도지나 전쟁종결 후 베트남 민주공화국 (북베트남) 측은 남베트남을미국의 괴뢰국가로 규정하고 베트남 인에 의한 베트남 통일국가의 건국을 추구하였으며 남베트남 해방민족전선을 지원하여 남베트남 에서 반정부 활동을 계속하였다. 미국은 군사고문단을 남베트남 에 파견하였고 이것이 이후 군대의 파견으로 발전하여 베트남 전쟁이 되었다.

구 소련과중국은 북베트남 에 대해 군사물자지원과 다수의 군사고문단을 파견하였다. 특히 구 소련은 서방 국가의 반전운동을 지원하였다. 자유주의와 공산주의의 대립에 의한 냉전시대에 일어난 최대 규모의 전쟁. 남베트남의 붕괴에 의해 종결.

라오스 비밀전쟁 Secret War (U.S. Operation in Laos) • 1962-1975
라오스내전의 일부. 중립을 표방한 라오스에의 북베트남 의개입을저지하기 위해 미국이 군사작전을 전개. 전쟁의 존재를 미국정부가 부정했기 때문에 비밀전쟁이라 불리었다.

캄보디아 내전 Cambodian Civil War • 1967-1975
캄보디아의 북베트남 지원체제를 타격하기 위해 미국이 쿠데타를 지원, 내전으로 발전하였다.

알제리 전쟁 Algerian War of Independence • 1954-1962
프랑스의 지배 하에 있던 알제리아의 독립전쟁. 알제리아의 내전인 동시에 알제리 지역내의 유럽계 이주자와 베르베르인과 아랍계 주민 등의 민족분쟁, 친 프랑스파와 반 프랑스파 원주민 간의 분쟁.

제 1차 수단내전 First Sudanese Civil War • 1955-1972
수단독립운동의 자치정부가 북부 이슬람 교도 주체였기 때문에 북부 아랍계 이슬람교와 남부의 흑인이 주가 된 비아랍계 주민 간의 갈등으로 내전발발.

제2차 중동전쟁(수에즈동란) Suez Crisis (Second Arab-Israeli War) • 1956-1956
수에즈운하 국유화를 발표한 이집트에 대해 영국과 프랑스가 반발. 이스라엘을 지원하여 이집트와의 전쟁을 선동, 이스라엘이 시나이 반도를 점령하여 영국과 프랑스도 군사개입을 개시하였다. 그러나 국제적인 비난에 직면, UN의 휴전결의를 받아들인다.

헝가리 동란 Hungarian Revolution • 1956-1956
구 소련의 지배에 대한 헝가리 국민에 의한 전국규모의 봉기. 즉시 구 소련군의 개입에 의해 진압되었으나 그 과정에서 수천 명의 시민이 살해당하고 25만 명 정도의 난민이 발생하여 국외로 도망갔다.

이프니 전쟁 Ifni War • 1957-1958
스페인의 고립된 해외 영토인 이프니를 둘러싸고 모로코와 스페인 사이에서 벌어진 전쟁. 그 결과 스페인은 남부 보호령이었던 타르파야 지방을 모로코에 반환하였다.

콩고 동란 Congo Crisis • 1960-1965
1960년에 벨기에령 콩고가 콩고 민주공화국으로독립, 벨기에가 카탕가주의 분리독립을 배후에서 지원하여 그로 인한 내란이 발생. 민족문제와 풍부한 지하자원의 이권, 동서대립 등이 복잡하게 얽힌 사건이다.

피그만 사건 Bay of Pigs Invasion • 1961-1961
주미망명쿠바인부대 "반혁명 용병부대"가 미국의 지원 하에 쿠바혁명정부의 전복과 미국괴뢰정부의 재건을 목적으로 피그만을 침공하였다. 그러나 구 소련의 지원을 받은 쿠바군이 이를 격퇴하였다.

앙골라 독립전쟁 Angolan War of Independence • 1961-1975
포르투갈로부터의 독립을 목적으로 한 전쟁. 다수의 조직이 주도권 다툼을 벌였으나 1974년 포르투갈 본국에서 일어난 카네이션 혁명에 의해 앙골라 인민공화국으로 독립.

기니 비사우 독립전쟁
Guinea-Bissauan War of Independence • 1962-1975
기니 비사우가 포르투갈로부터 독립하는 과정에서의 전쟁. 기니아, 카보베르데 독립아프리카당을 소련, 쿠바가 지원, 미국의 지원을 받던 포르투갈 정부와의 대립 관계가 되었다.

모래 전쟁 Sand War • 1963-1963
모로코 독립에 따라 알제리아와의 미확정 영토를 둘러싸고 발생한 전쟁. 에디오피아의 조정에 의해 현상유지로 휴전.

북 예멘 내전 Yemen Civil War • 1962-1970
사우디 아라비아로부터 지원을 받은 예멘 왕국의 왕당파와 이집트와 구 소련의 지원을 받은 예멘 , 아랍공화국 정부의 공화파가 북 예멘에서 치른 내전. 최종적으로 쌍방의 타협에 의해 공화파가 정부의 통제력을 획득했다.

도파르 반란 Dhofar Rebellion • 1962-1975
오만 남부 도파르 지방에서 도파르 해방전선에 의해 발생한 내전. 구 소련의 지원을 받는 해방전선에 대해 황태자가 국왕을 추방, 공산주의 세력을 약체화시켜 내전을 종결시켰다.

모잠비크 독립전쟁
Mozambique's War of Independence • 1964-1975
구 소련과 중국의 군사지원을 받은 모잠비크 해방전선과 포르투갈군 사이에서 일어난 무력분쟁. 1974년, 포르투갈 본국에서 일어난 카네이션 혁명에 의해 1975년에 모잠비크는 포르투갈로부터 독립하였다.

콜롬비아 내전 Columbia Conflict • 1964-Present
콜롬비아 혁명군을 시작으로 반정부좌익 게릴라, 우익민병, 마약 카르텔, 비밀경찰 등이 50년에 걸쳐 암살과 납치 등을 벌이며 내전을 진행하였ㅇ다. 현재도 계속되는 중.

챠드 내전 Chad Civil War • 1965-1996
이슬람 세력은 챠드 민족해방전선을 결성하여 반정부게릴라활동을 전개, 이것을 리비아가 지원하여 정부와 대립하였다. 정부의 요구를 받아들여 프랑스가 개입하였다. 후반기의 전투에서는 쌍방이 도요타의 픽업 트럭을 사용하여 일명 도요타 전쟁이라고 불리우기도 한다.

인도네시아 내전 Indonesian Civil War • 1965-1966
좌파세력에 의한 정부탈취 쿠데타가 발발하였으나 곧바로 진압되었고 좌파세력은 해체되었다.

나미비아 독립전쟁
Namibian War of Independence • 1966-1979
남아프리카공화국에 통치되고 있던 나미비아 는 인종격리정책이 진행되고 있었고 이것이 독립전쟁으로 이어졌다. 남아프리카는 계속해서 나미비아에 간섭하였고 앙골라 독립 후 앙골라 내전이 발발하였을 때 나미비아 는 앙골라 에 직접개입하는 남아프리카의 거점이 되었다. 최종적으로 남아프리카가 철수하고 쿠바의 상황이 악화되면서 분쟁은 종결되었고 나미비아는 독립하게 되었다.

로디지아 분쟁 Zimbabwean Second Chimurenga(Rhodesian Bush War) • 1966-1979
영국은 식민지 시대가 끝났다고 판단, 흑인의 참정권을 인정하며 로디지아 독립을 결정하였지만 로디지아 백인 정부는 이를 거부하여 영국으로부터 일방적으로 독립을 결정한다. 이후 로디지아 정부와 구 소련, 중국 등의 지원을 받은 아프리카인 저항세력의 게릴라 투쟁이 본격화되며 이웃 국가를 끌어들인 로디지아 분쟁으로 발전하였다.

필리핀의 이슬람 계열 무장세력 분쟁 Islamic Insurgency in the Philippines • 1965-Present
민다나오 섬 등의 분리 독립을 둘러싸고 여러 이슬람 계열 무장 세력 간의 갈등이 원인이 되어 발발하였으며 정부와의 전투와 평화 협상을 반복하며 현재에도 계속되고 있다.

제3차 중동전쟁(6일 전쟁)
Six day War(Third Arab-Israel War) • 1967-1967
구 소련이 중동에서 유리한 입지를 확보하려는 목적으로 이집트에 거짓 정보를 제공하였고 이로 인해 이스라엘과 아랍 연합 (이집트, 시리아, 요르단) 사이에 전쟁이 발발하게 되었다. 이스라엘은 가자 지구와 요르단강 서부 지역의 지배권을 획득하여 팔레스타인을 통일하였고 시나이 반도와 골란 고원을 군사력 하에 놓을 수 있었다.

비아프라 전쟁 (나이지리아 내전)
Nigerian Civil War • 1967-1970
1960년 다수의 부족으로 구성된 나이지리아 연방에서 이보 족을 주체로 한 동부주가 비아프라 공화국으로 분리와 독립을 선언하자 연방 정부가 이를 진압하면서 내전으로 발전하였다. 아프리카에 대한 영향력 확대를 목표로 구 소련이 연방 정부를 적극 지원하였고 비아프라는 포위된 상태로 기아가 확산되어 150만 명 이상이 사망하면서 붕괴되어 버렸다.

소모전쟁 War of Attrition(Israel-Egypt) • 1968-1970
6일 간의 제 3 차 중동 전쟁이 종결된 후 이집트는 수에즈 운하를 사이에 두고 이스라엘에 간헐적으로 포격을 가하면서 쌍방간의 포격 보복전이 시작되었다. 수에즈 운하는 실질적으로 통항 불가능 상태가 되어버렸지만 이스라엘이 이집트의 포격 진지를 파괴하면서 양국은 휴전을 체결하였다.

축구 전쟁, 100시간 전쟁
Football War (El Salvador and Honduras) • 1969-1969

엘살바도르와 온두라스 국가대표팀이 참가한 FIFA 월드컵 예선전을 둘러싼 양국의 국민 감정 싸움이 격화되어 국교 단절을 거쳐 전쟁으로 발전했다. 사실상 그 배경에는 장기간에 걸친 양국 간 이민 문제, 무역 문제 국경선 문제 등이 있었고 축구는 전쟁의 계기가 된 것에 지나지 않는다. OAS (미주 기구)의 조정에 의해 휴전.

중소 국경분쟁 Sino-Soviet border conflict • 1969-1969

구 소련의 흐루시초프 수상에 의한 스탈린 비판 이후 중국과의 정치, 영토 문제가 표면화되던 중 극동 지역에서 군사 충돌이 발생하였다.
이것이 중앙 아시아에도 번졌고 양국은 핵무기를 준비하는 사태까지 이르렀다. 이 당시의 분쟁은 중소 양국 간의 관계를 악화시키는데 결정적인 역활을 하였다.

북 아일랜드 분쟁 Troubles(Northern Ireland) • 1969-1994

아일랜드 내에서도 영국인 이민자가 많은 북 아일랜드 지역에서 소수의 원주민과 이민자 사이에서 일어난 영토 분쟁. 원주민들은 IRA를 만들고 이민자는 얼스터 의용군을 만들었으며 각 조직이 분파를 형성하면서 서로를 겨냥한 테러가 이어졌다.

요르단 내전 Jordanian Civil War (Jordan Palestine Liberation of Organization) • 1970-1970

PFLP 여객기 납치 사건을 계기로 요르단은 PLO (팔레스타인 해방기구)와 PFLP (팔레스타인 해방 인민 전선)을 국내에서 축출하기로 결정, 요르단군에 의한 PLO, PFLP에 대한 공격을 실시했다. 이에 대해 구 소련의 지원을 받은 시리아가 PLO, PFLP을 지원하기 위한 군대를 요르단에 침공하게 된다. 이집트의 중재로 요르단, 시리아 간의 전면 전쟁에는 이르지 않게 되었으며 PLO는 레바논으로 이동했다.

방글라데시 독립전쟁 또는 제3차인도-파키스탄 전쟁
Bangladesh Liberation War and Indo-Pakistani War of 1971 • 1971-1971

동 파키스탄의 벵갈인 독립파에 대하여 파키스탄 정부가 무력 진압을 실시하였고 동시에 이슬람 과격파 조직이 벵갈인 약 300 만명을 학살하였다. 학살에서 벗어나려는 동 파키스탄 주민들이 대량으로 인도에 망명하면서 인도가 개입하여 파키스탄과의 전쟁으로 발전하였다. 이후 동 파키스탄은 '방글라데시'로 독립했다.

발루치스탄 반란 Baluchistan-Pakistan Insurgency • 1973-1977

파키스탄의 발루치스탄주에 거주하는 발치족을 중심으로 하여 파키스탄정부를 상대로 전개된 무력투쟁

제4차 중동전쟁 욤 키푸르 전쟁
Yom Kippur War (Fourth Arab-Israeli War) • 1973-1973

유대교의 가장 중요한 휴일인 욤 키푸르 (속죄 일)에 이집트와 시리아는 이스라엘을 기습 공격한다. 이스라엘은 시나이 반도 서부와 골란 고원의 일부를 잃었지만 이후 반격을 개시하여 시리아 수도 다마스커스, 이집트의 수도 카이로 코 앞까지 진격하였다. 미국과 소련의 중재로 휴전.

부르키나 파소, 말리 국경분쟁
Agacher Strip War (Burkina Faso and mali) • 1974-1974

부르키나 파소 북부는 천연 가스와 광물 자원이 풍부한 지역으로 이 지역에서 이웃 국가 말리와 국경분쟁이 일어났다. 쌍방의 피해는 비교적 작은 것이었다.

이디오피아 내전 Ethiopian Civil War • 1974-1991

군사 반란으로 황제가 폐위하여 사회주의 국가가 된 이후 독재 정치와 숙청에 의해 수십만 명이 살해되었다. 인민 해방 전선에 의해 사회주의 정부가 붕괴된 후 내전이 종결되었다.

앙골라 내전 Angolan Civil War • 1975-1989

앙골라의 독립을 목적으로 여러 무장 조직이 대립하였고 구 소련과 쿠바의 지원을 받은 앙골라 해방 인민운동이 독립 선언을 한 후에도 미국, 남아프리카가 앙골라 전면독립민족동맹을 지원하여 내전 상태가 되었다.

레바논 내전 Lebanese Civil War • 1975-1991

PLO가 레바논에 들어오면서 다수의 팔레스타인 난민이 유입되었고 이슬람교도가 증가하면서 그리스도와의 갈등이 격화되어 내전으로 발전하였다. 레바논 정부의 기능은 정상이 아니었으며 시리아 군이 주둔하는 상황이 되자 이스라엘이 침공하여 레바논 전쟁으로 발전하였다.
PLO가 체니지아에 도망가며 다국적군이 주둔했지만 대규모 자폭 테러 공격을 받은 다국적군이 철수하면서 내전은 종파를 넘어 세분화되어 갔다. 이스라엘군이 철수하자 시리아가 다시 진입하게 되면서 최종적으로 레바논군의 아운파와 시리아가 대립하는 형태가 되었고 이것이 해방 전쟁이라 불리우는 대규모 전투로 확대되었다. 시리아가 정부군을 물리치면서 내전을 종결시켰다.

동 티모르 독립전쟁
War of Independence in East Timor • 1975-1998

종주국 포르투갈의 카네이션 혁명 후 인도네시아가 침공하여 전역을 제압하였다. UN 총회는 즉시 군사적 침략과 점령 행위를 비난하는 결의안을 채택하였지만 서방측은 반공 입장을 취하는 인도네시아와의 관계를 중시하여 합병을 사실 상 묵인하였다. 수하르트 정부는 동 티모르의 저항을 강력하게 탄압하였으며 그 결과 약 20만 명이 살해당했다. 1998년 수하르토 정부가 붕괴함으로써 일단 독립이라는 목표가 이뤄졌다.

모잠비크 내전 Mozambique's Civil War • 1975-1992

모잠비크가 독립하고 사회주의 정부가 탄생하면서 로디지아가 모잠비크 민족저항 운동을 편성하고 반정부 활동을 실시하였다. 로디지아가 소멸한 후에도 이 저항 운동은 아프리카에 퍼지는 사회주의 국가를 봉쇄하려 한 남아프리카의 지원을 받으며 계속 되었다. 1989년 모잠비크가 사회주의를 포기하고 남아프리카의 체제가 바뀌면서 평화가 진행되었다.

오가딘 전쟁 Ogaden War • 1977-1978

소말리아는 소말리아인에 의한 민족 국가 건설을 목표로 이디오피아령 내에서 소말리아 해방 운동을 전개하며 에디오피아와 대립했다. 이디오피아를 구 소련이 지원하고 소말리아를 미국이 지원하면서 냉전의 대리전쟁 양상을 띄게 되었다. 80년대 후반 냉전이 완화되면서 휴전에 이르게 되었다.

캄보디아, 베트남 전쟁
Cambodian-Vietnamese War • 1977-1991

캄보디아는 베트남이 인근 지역에 인도차이나 연방을 형성하려고 하는 것을 두려워하여 베트남을 침공한다. 이에 중국이 평화 협상을 시도하지만 끝내 불발되고 만다. 베트남이 반격하여 캄보디아 국토의 대부분을 점령했다. 이후 내전이 계속되자 베트남은 국제 사회에서 고립된다. 구 소련의 원조에 의존하던 베트남은 구 소련이 몰락하자 캄보디아에서 철수하고 이후 국제 사회에 복귀하였다.

아체 독립전쟁 The Aceh War (Indonesia) • 1978-2005

인도네시아로부터 아체인과 아체주의 독립을 목표로 한 활동을 활성화하였고 이에 대한 탄압으로 다수의 민간인 사상자가 발생하게 된다. 한때는 화해의 분위기도 있었지만 이후에도 탄압이 이어졌다 .

우간다-탄자니아 전쟁, 우간다 내전 Ugandan Civil War • 1978-1988

우간다의 아민 대통령은 공포 정치를 실시하여 30 만 명 이상의 국민을 학살하였고 탄자니아를 침공하였다. 결국 탄자니아군과 우간다 국민해방전선에 의해 아민은 실각했지만 이후에도 우간다 국내에서 쿠데타가 잇따르면서 혼란에 빠지게 된다.

중국-베트남 전쟁 / 제3차 인도차이나 전쟁
Sino-Vietnamese War • 1979-1979

캄보디아의 폴 포트 정부를 붕괴시키고 캄보디아를 점령한 베트남에 대해 캄보디아를 지원하던 중국이 베트남에 대한 징벌 행위로서의 군사 침공을 개시하였다. 하지만 압도적인 전력을 가진 중국군에 대해 베트남 전쟁을 승리로 이끈 정예 베트남군이 반격한 결과 중국은 큰 피해를 입고 1달도 안돼 퇴각하였다.

아프가니스탄 분쟁 Soviet War in Afganistan • 1979-1989

1978년에 공산주의 정부가 탄생한 아프가니스탄에서 그에 반발하는 무장봉기가 일어났고 그에 대해 구 소련이 군사 개입을 전개하였다. 이에 맞서 이슬람교도 내에서 무자헤딘이라는 무장세력이 전투에 참가하게 된다. 그들 중에는 이슬람 국가에서 넘어온 의용병도 많았으며 미국의 CIA는 무자헤딘을 지원하였다. 구 소련은 저항 세력을 진압하지 못 하고 아프가니스탄에서 철수했다. 이후 이슬람 원리주의의 테러 활동이 활발해지게 된다.

엘살바도르 내전 El Salvador Civil War • 1982-1992

축구 전쟁 이후 엘살바도르의 국내 정세가 불안정해지고 좌익 게릴라 조직에 구 소련의 지원이 투입되자 미국은 엘살바도르 정부와 극우 세력에 군사 지원을 진행하였다. 정부군과 게릴라 쌍방이 살인과 학살을 반복하는 내전은 이후 10년에 걸쳐 진행되었고 75,000 명이나 되는 사망자를 낸 후에야 UN의 중재로 마무리짓게 된다.

이란 이라크 전쟁 Iran-Iraq War • 1980-1988

호메이니의 지배 하에 이슬람 혁명을 성공시켜 독자적인 이슬람 공화제를 전개하는 이란을 상대로 후세인의 독재 국가 이라크가 기습 공격을 가하면서 시작된 국경 분쟁. 이란의 이슬람 혁명이 확대되는 것을 두려워 한 미국, 구 소련, 유럽 각국, 아랍 국가들이 이라크를 지원하였다. 그러나 이스라엘, 시리아, 리비아가 이란을 지원하기도 하였다.
이란 이라크 전쟁은 쌍방이 미사일을 사용한 최초의 미사일 전쟁이기도 하였다.

레바논 전쟁 Lebanon War • 1982-1982

이스라엘은 인접한 레바논에 거점을 둔 팔레스타인 해방기구를 제압하기 위해 레바논을 침공하였다. PLO의 거점이 위치한 남 레바논을 제압한 후 그대로 베이루트를 침공하여 시리아군과 교전하였다. 이때 이스라엘군에 의한 팔레스타인 난민 학살 사건이 발생하였다.

그레나다 침공
Operation Urgent Fury (Invasion of Granada) • 1983-1983

미국은 그라나다가 구 소련, 쿠바의 강한 영향을 받아 공산주의화가 진행되는 것을 우려하여 그라나다에 군사 침공을 전개하였다.

스리랑카 내전 Civil War in Sri Lanka • 1983-2009

다수파인 민족 스리랑카인과 소수 민족 타밀인 간의 민족 충돌. 스리랑카 정부와 타밀, 일람 해방 호랑이에 의한 내전으로 발전하였고 총 4차에 걸쳐 전쟁과 휴전이 반복되었다. 스리랑카 정부군이 타밀, 일람 지배 지역을 제압하면서 26 년에 걸친 내전은 종결되었다.

제2차 수단내전
Second Sudanese Civil War • 1983-2003

국정에 이슬람 법을 도입하자 남부 비 아랍계 주민들이 반발하게 되었고 북부의 이슬람 교도와의 사이에서 내전이 발발하였다. 정부는 민중 봉기에 의해 전복되었지만, 쿠데타가 발생하면서 다시 이슬람법을 추진하는 정부가 들어서 반정부 세력을 강경하게 탄압하면서 내전은 악화되었다. 여기에 기아도 따라 약 200 만 명의 희생자가 발생하였다.

파푸아 분리독립운동 Free Papua Movement • 1984-1998

인도네시아 뉴기니 섬 서부 지역 파푸아주와 웨스트 파푸아주의 분리 독립을 요구한 운동으로 인도네시아 정부는 이를 테러 활동으로 규정하고 탄압하였다.

국경분쟁사건 Christmas War (Mali and Burkina Faso) • 1985-1985

부르키나 파소가 인구 조사를 실시하는 과정에서 국경 부근의 말리 일부 부족 캠프를 방문하는 실수가 일어났다. 말리 측은 이것을 국경침범으로 받아들이고 크리스마스 시기에 높아진 양국간 긴장으로 5일 간 전투가 벌어져 약 100명이 사망했다.

제 1차 인티파다
First Intifada (Palestine and Israel) • 1987-1992

이스라엘에 의한 팔레스타인 군사 점령에 대한 저항 운동. 가자 지구에서 이스라엘인과 팔레스타인 간의 교통 사고를 계기로 충돌이 발생. 팔레스타인 자치 정부의 설립과 함께 진정되었다.

나고르모 카라바흐 전쟁
Nagormo-Karabakh War (Armenia-Azerbaijan) • 1988-1994

아제르바이잔 아르메니아인 거주 구역 나고르모, 카라바흐 자치주에 사는 아르메니아인이 아르메니아에 귀속될 것을 아제르바이잔에 요구하였고 아제르바이잔은 자치주를 폐지한 후 공화국이 직할 통치하는 조치를 취했다. 나고르모, 카라바흐는 "나고르모 카라바흐 공화국 '으로 독립을 선언하고 이를 계기로 본격적인 전쟁이 일어났다. 약 2만 명의 사망자와 약 100만 명 이상의 난민이 발생하였다.

모리타니아 세네갈 국경분쟁
Mauritania-Senegal Border War • 1989-1991

모리타니아, 세네갈 사이에 국경 분쟁이 발발. 모리타니아인 6만 명 이상이 세네갈과 말리에 피난하였고 세네갈에서는 많은 모리타니아 시민이 모국으로 추방당했다. 이집트, 프랑스, 말리 등 양국과 긴밀한 관계를 보유한 국가들이 중개 활동을 거듭하고 있지만 분쟁 해결의 목표는 서있지 않다.

제 1차 라이베리아 내전
Liberian Civil War • 1989-1997

라이베리아의 독재 정부를 전복할 목적으로 리비아에서 게릴라 훈련을 받은 찰스 테일러가 반란 부대를 이끌고 무장 봉기를 일으켰다. 하지만 이 반란 부대도 분열되어 버리면서 전 국가적인 내전으로 발전하게 된다. 대통령이 살해된 후에도 반란 부대 간의 세력 다툼이 이어져 15만 명 이상의 사망자와 30만 명 이상의 난민이 발생하였다. 테일러가 대통령이 되면서 내전은 일단 종결되었다.

걸프 전쟁
Gulf War (Operation Desert Storm) • 1990-1991

이라크는 이웃 국가인 쿠웨이트를 침공하여 합병하였다. 이에 대해 UN 안전 보장 이사회는 이라크에 대한 즉각적인 철수를 요구하는 결의를 하고 대 이라크 경제 제재 조치를 발표했다. 이라크가 결의 이행의 의사가 없음 이 확인되면서 34 개국의 여러 UN가입국가의 병력으로 구성된 다국적군이 편성되어 UN 헌장 제 42조에 따라 이라크에 대한 공격을 시작했다. 다국적군은 이 전투에서 압도적인 승리를 거두며 쿠웨이트를 해방시켰다.

르완다 분쟁 Rwanda Civil War • 1990-1992

정부 군과 르완다 애국전선 사이에서 벌어진 무력충돌에서 르완다 애국 전선이 북부를 침공하면서 내전이 발발하였다. 투치족과 후투족 간의 부족 간 충돌이라는 측면도 있는 분쟁이다.

투아레그 반란
Tuareg Rebellion • 1990-1995

말리 공화국의 북부 지역 (아자와드)에서 중앙 정부로부터의 독립을 요구하는 투아레그족에 의한 무장 봉기가 발생하였고 이들은 외국인 관광객을 습격하는 등의 무장 투쟁을 전개하였다.

10일 전쟁 Slovenian War • 1991-1991

슬로베니아가 유고 슬라비아로부터의 독립을 선언하고 이를 저지하려는 유고슬라비아 연방군이 대규모의 침공을 개시하였다. 이후 유럽으로부터 의 비난을 두려워한 유고슬라비아가 군대를 철수시킨 후 유고슬라비아 연방 공화국과 슬로베니아 공화국 간에 독립의 합의가 성립되었다.

크로아티아 독립전쟁
Croatian War of Independence • 1991-1995

크로아티아는 슬로베니아과 동시에 유고슬라비아로부터의 독립을 선언했지만 크로아티아 국내에 거주하고 있던 다수의 세르비아인이 이에 반발하면서 전투가 벌어졌다. UN은 평화 유지군을 파견했지만 해결책을 찾지 못했고 크로아티아가 세르비아인들을 축출하는 작전에 나서면서 대량의 난민이 발생하였다.

보스니아 헤르체고비나 분쟁
Bosnian War • 1992-1995

보스니아 헤르체고비나는 독립을 선언하고 보스니아인과 크로아티아 인은 독립에 찬성하고 세르비아인이 반대하면서 이들 간의 대립이 군사 충돌로 발전하였다. 사망자 20만, 난민, 피난민이 약 200만 명 가량 발생하였다. 우세한 세르비아인 세력에 대해 NATO가 공습을 실시하여 위세가 꺾인 세르비아인이 평화 협상 테이블 앞에 나왔다.

코소보 분쟁 Kosovo War • 1989-1999

코소보에서 알바니아인의 민족주의가 확대되면서 세르비아인과 타 민족 간의 긴장감이 높아졌다. 세르비아의 밀로셰비치 대통령은 코소보의 자치 권한을 박탈하고 코소보를 지배 하에 놓았다. 이에 알바니아인이 무력 투쟁을 개시하면서 코소보 해방군이 결성되었고 이들과 세르비아 치안군 간의 전투가 장기화되면서 20만 명 이상의 난민이 발생하였다.

조지아 분쟁 Georgian Civil War • 1991-1993

조지아의 일부였던 압하지아 공화국은 반 조지아 감정이 강하여 분리독립을 선언하게 된다. 조지아는 이를 무력으로 진압하였고 압하지아인은 게릴라전을 전개하여 내전이 격화되었지만 독립으로 이어지지는 않았다.

남오세티아 분쟁 South Ossetian War • 1991-1997

남오세티아가 독립을 선언하자 조지아는 그것을 인정하지 않고 군대를 보내 전쟁으로 확대되었다. 조지아인과 오세티아인 양방 모두가 잔학 행위를 벌였으며 10 만 명 이상의 오세티아 인이 조지아에서 쫓겨났다. 조지아는 전쟁 중 구 소련으로부터 독립을 선언하였고 당시 구 소련 붕괴로 인해 독립을 달성했다. 전후에도 남오세티아에는 조지아의 지배 아래에 있는 지역이 있고 조지아계 주민도 남아 있다.

시에라리온 내전
Sierra Leone Civil War • 1991-1997

독재정부 전복을 기치로 리비아에서 게릴라 훈련을 받은 무장 세력과 마찬가지로 리비아에서 훈련을 받은 리베리아의 무장 세력과 연계하여 잔학 행위를 반복하면서 지배 지역을 확대하는 식으로 다이아몬드 산출 지역을 포함하여 국토의 2/3을 지배 하에 두었다. 독재 정부가 쓰러지고 문민 정부가 세워진 후에도 무장 세력과의 대립은 계속되었다.

타지키스탄 전쟁 Tajikistan War • 1992-1997

타지키스탄 정부를 상대로 이슬람 세력과 민주 세력이 무장 봉기하였다. 러시아의 지원을 받은 정부는 전국을 유리하게 전개하였고 이슬람 세력은 증원을 등에 업고 주둔하는 러시아군을 상대로 싸웠다. UN의 주도로 평화 합의에 도달했지만 이미 5 만 명 이상이 사망하고 120만 명 이상의 난민이 발생한 후였다.

압하지아 분쟁 Abkhazian War • 1992-1994

조지아 분쟁에 이어서 조지아가 독립 선언을 하자 압하지아 자치 정부도 독립을 선언했다. 그러나 이는 국제적 이해를 얻지 못했다. 조지아는 압하지아에 군대를 파병하여 분리 독립을 목표로 하는 무장 그룹과 전투를 시작하였다. 압하지야 측은 패배하였지만 외국으로부터의 의용군 증원을 받아 반격하면서 조지아가 열세에 서게 되었다. 압하지아는 독립을 선언했지만 조지아는 그것을 인정하지 않았다. 2008년 러시아가 압하지야 공화국을 승인했다 .

브룬디 내전 Burundi Civil War • 1993-2008
르완다 분쟁 이후 르완다의 이웃 국가인 브룬디 후투족 계열의 대통령이 암살당하자 후투족에 의한 투치족 학살이 발생하는 보복 전쟁이 벌어졌다.

예멘 내전 Yemen Civil War • 1994-1994
사회주의 계열인 남 예멘과 자본주의 계열인 북 예멘이 1990년에 통일되어 예멘 국가가 성립되었지만, 과거에 남 예멘이었던 지역에서 다시 분리 독립을 요구하는 무장 봉기를 전개하여 예멘 정규군과 내전을 벌였다. 국제 사회는 북 예멘을 지원하여 2개월 후 무장세력은 진압되었다.

제 1차 체첸 분쟁 First Chechen War • 1994-1996
러시아 공화국 내의 체첸 공화국 독립 움직임에 위기감을 느낀 러시아는 체첸을 침공하였다. 러시아의 군사적 침공에 맞서는 체첸 측에 이슬람 사회에서는 무자헤딘에 이어 더욱 과격한 알 카에다가 가세하기도 했지만 러시아는 체첸의 수도를 제압하고 일단 전쟁을 종결시켰다.이 때 맺어진 "하사뷰르트 평화 협정"은 체첸의 독립을 5년 후인 2001년에 다시 검토한다는 내용을 가지고 있다.

세네파 분쟁 Cenepa War (Peru and Ecuador) • 1995-1995
에콰도르와 페루가 세르파강의 수자원을 둘러싸고 강 양측 지역에 주둔하는 부대간 충돌에서 일어난 국지적 전투.

제 1차 콩고 전쟁 First Congo War • 1996-1997
1994년 르완다에서 발생한 르완다 학살의 실행자인 후투족 과격파가 이웃나라 콩고에 도망가자 이를 쫓아 투치족이 들어온 후 반란을 일으켰다. 자이르 정부에 반감을 가진 자이르 무장 조직이 이에 호응하면서 우간다와 앙골라도 동조하였고 수도 킨샤사를 제압하고 무장 조직의 의장이 대통령에 취임하자 국명을 자이르에서 콩고 민주 공화국으로 개명했다.

이디오피아-에리트리아 국경분쟁
Ethiopia-Eritrea War • 1998-2000
에디오피아로부터 1993년에 독립한 에리트리아였지만 양국 사이에 국경분쟁이 발발하면서 서로의 수도를 공습하는 큰 규모의 분쟁으로 발전하였고 이를 통해 10만 명 규모의 사망자가 나왔다.

제2차 콩고 전쟁 Second Congo War • 1998-2002
콩고를 제압한 카빌라 대통 은 혁명의 주역 인 투치족 집단 바냐물렝게를 제거하려는 자세를 보이고 이에 바쟈물렝게가 다시 해방 운동을 결성하면서 우간다와 앙골라가 이를 지원하였다. 짐바브웨, 나미비아는 정부군을 지원하였으나 카빌라 대통령은 암살된 후 남아프리카의 중개로 프리토리아 합의가 이루어졌다. 이 합의에는 르완다 학살에 가담한 후투족 과격파와 구 르완다 정부군을 르완다에 송환하는 것이 포함되어있다 .

카길 분쟁 Kargil War (India and Pakistan) • 1999-2001
카슈미르의 카르길 지역에서 파키스탄군 내지는 카슈미르의 반 인도 정부 활동가가 관리 라인을 넘어 인도군 주둔지를 점령하여 양군이 충돌하였다. 이 전쟁은 핵 보유국끼리의 전쟁으로서 양군은 핵의 사용도 검토하였지만 국제 사회의 적극적인 움직임으로 사태의 악화는 막아냈다.

제2차 라이베리아 내전
Second Liberian Civil War • 1999-2003
테일러 대통령 축출을 기치로 내거는 여러 무장 세력이 봉기하였다. 수도는 무장 그룹에 포위되었고 무장 세력의 포격으로 많은 시민이 희생되었다. 테일러는 권력을 잃은 후 휴전에 합의한 후 도주하였다.

제2차 인티파다
Al-Aqsa Infantida (Second Infantida) • 2000-2005
제 2 차 인티파다 (알 아크 사 인티파다)는 2000년 9월 28일에 발생하였다. 이스라엘의 샤론 리쿠드 당수 겸 외무부 장관(이후 총리)이 1,000 명의 무장 측근과 함께 예루살렘 구시가 "성전 언덕 "을 방문한 것을 계기로 이스라엘과 팔레스타인의 충돌이 격화되면서 샤론 연립 정부가 탄생하였고 테러 대책의 명목으로 팔레스타인 자치구에 군대를 파견하였다. 이로 인해 많은 시민이 목숨을 잃었다.

아프가니스탄 분쟁 War in Afghanistan(U.S. invasion of Afghanistan:Operation Enduring) • 2001-Present
2011년 9월 11일에 발생한 미국 동시 다발 테러의 주모자로 지정된 알 카에다의 인도 요구에 응하지 않은 아프가니스탄 탈레반 정부에 대해 미국이 주도하는 연합국가의 군대로 구성된 연합군과 북부 동맹은 "항구적 자유 작전 "을 실행하여 탈레반 정부를 붕괴시켰다. 이후 새로이 아프가니스탄 정부가 탄생하여 UN의 아프가니스탄 지원계획에 근거한 부흥 사업과 치안 유지 작전이 전개되었지만, 2005년 이후 남부에서 탈레반 무장 세력의 공격이 활발해지고 치안이 악화되면서 국제 치안 지원 부대 (ISAF) 와 아프가니스탄 국민들 사이에 다수의 사상자가 발생하고 있다.
2011년 미국은 파키스탄에 은신해 있던 동시 다발 테러의 주모자 오사마 빈 라덴을 사살하였다.
2013년 아프가니스탄 전 국토의 치안 유지 권한이 ISAF에서 아프가니스탄 치안 부대에 이양되어 ISAF는 2014년 말까지 철수를 완료한다.

코트디부아르 내전 Civil War in Cote d'Ivoire • 2002-2003
군이 주체가 된 반란군이 봉기하여 정부군과의 전투를 벌였다. 이에 서부 아프리카 국가 경제 공동체가 중재에 나서 쌍방이 휴전에 응했지만 다른 반정부 세력이 정부군과 교전을 벌였고 심지어 프랑스군과도 충돌하기도 하였다. 이후 내전종결 평화안에 합의했다.

남타이 반란 South Thailand Insurgency • 2001-Present
타이의 다수파인 불교도와 이슬람 교도 간의 대립을 배경으로 무차별 테러와 폭력 사건이 계속되고있다.

발루치스탄 분쟁 Conflict between Pakistan and Baloch warloads in Balchistan • 2003-Present
파키스탄에 군사적으로 병합된 것에 대한 발루치인의 불만이 폭발하여 5회에 걸친 분쟁이 발생하였으며 이는 현재도 진행 중이다.

다르푸르 분쟁
Darfur conflict (Sudan) • 2003-Present
제 2 차 수단 내전에 이어 수단 서부 다르푸르 지방에서 흑인계 반군의 반란을 계기로 수단 정부군과 이들을 지원하는 아랍계 민병 "잔자위드"가 비아랍계 주민을 대량으로 학살하고 마을을 파괴하여 약 40만 명 이상의 사상자가 발생하였고 이는 현재도 진행 중이다.

이라크 전쟁 Iraq war • 2003-2011
대량살상 무기 보유 의혹 등을 이유로 미국이 주도하는 연합군이 이라크를 침공하여 정규군 간의 교전은 약 1개월을 넘기면서 종료되어 "전투 종결 선언"을 발표한 후 점령 통치와 재건 사업을 시작했지만 이라크 국내의 치안이 크게 악화되어 기존 무장 세력 뿐 아니라 알 카에다 계열의 반미 무장 세력이 더해져 이라크 국내에서의 내전은 계속되었다.
2006년 이라크 정식 정부가 출범되던 해에 후세인 전 대통령의 사형이 집행되었으며 2011년에는 완전 철수가 진행되었으나 대량 살상 무기는 존재하지 않았다.

와지리스탄 분쟁
Waziristan War (Pakistan search for al-Qaeda) • 2004-Present
파키스탄 북서부는 알 카에다와 탈레반의 거점이 되었으면 연합군의 아프가니스탄 침공 이후 파키스탄 정부는 무장 세력의 일소를 도모했으나 실패하고 만다. 파키스탄 정부와 연합군, 무장 세력 간의 분쟁은 이후 격화되어 지금도 계속되고 있다.

서부 사하라 독립인티파다
Western Safara Independence Intifada (Morocco and the Sahrawi Arab Democratic Republic) • 2005-Present
서부 사하라의 영유권을 둘러싸고 사하라, 아랍 민주 공화국으로의 독립을 추구하는 폴리사리오 전선과 일방적으로 서부 사하라를 합병한 모로코 간에 벌어진 서부 사하라 전쟁의 휴전 이후 폴리사리오 전선 지지자에 의한 독립 인티파다 (봉기)가 발생하여 현재도 진행 중이다.

파타 하마스 분쟁 Fatah-Hamas Conflict • 2006-Present
팔레스티나 민족 해방 운동 정당 파타와 이슬람 원리주의 조직 하마스가 2006년에 팔레스티나에서 연립 내각을 구성했으나 하마스가 가자 지구를 무력 점거한 후 요르단 강 서부 지역을 실효 지배하는 파타와의 대립이 격화되었다. 2011년에 일단 합의했으나 지금도 대립은 계속되고 있다.

레바논 침공 Israel-Lebanon/Hezbollah War • 2006-2006
레바논의 시아파 계열 군사 조직 헤즈볼라가 이스라엘 국경을 침범하자 이스라엘이 레바논의 헤즈볼라 지배 지역을 공습하고 지상군도 투입되어 레바논의 국가 기능은 마비 상태가 되었다.

멕시코 마약전쟁 Mexican Drug War • 2006-Present
마약 카르텔 간의 영역 다툼과 마약 밀매 단속을 추진하는 멕시코 정부와 마약 카르텔 간의 무력 충돌로 이루어진 분쟁. 사태의 심각성이 높다보니 멕시코군이 투입되었으며 이미 8만 명 이상이 사망하였다. 현재도 계속 진행되는 상태.

남 오세티아 분쟁 South Ossetia War • 2008-2008
조지아로부터의 분리 독립을 주장하는 남 오세티아에 대해 조지아가 군사적 공격을 가하자 러시아가 개입하여 조지아를 공격하였다. 러시아 군과 합류한 압하지야 군은 조지아 서부로 진입하여 조지아가 지배하던 포치와 고리같은 도시를 점령하였다. 러시아군의 군사력 앞에 조지아군이 무너진 후 휴전이 성사되었고 지금까지 국제적으로는 조지아 령으로 되어있는 남 오세티아와 압하지아의 독립이 승인되었다.

가자 분쟁 Israel-Gaza Conflict • 2008-2009
이스라엘과 하마스 간의 휴전 기간 동안 이스라엘군이 가자 중부에 침공하여 공습과 지상 부대의 투입으로 팔레스티나 측에서 1,300명 이상의 사망자가 나왔다. 개전 3주 후 이스라엘 측이 일방적으로 휴전을 선언한 후 부대를 복귀시켰다.

소말리아 내전 Somali Civil War • 2009-Present
아프리카 연합 평화유지군의 도움을 받은 소말리아 연방정부와 여러 분파의 이슬람 과격 무장 단체 간에 벌어진 분쟁. 무장 그룹끼리의 싸움도 치열하여 이를 피해서 수천 명이 남부 지역에 대피하고 있다.

리비아 내전 • 2011-2011
리비아 내의 대규모 반정부 시위를 발단으로 벌어진 무장 투쟁. 수도 트리폴리가 NATO의 지원을 받은 반체제 리비아 국민 평의회의 공세에 의해 함락되고 카다피가 통치하던 "대 리비아 아랍 사회주의 인민 자마히리야국"은 사실상 붕괴되었다.
이후 카다피는 붙잡혀서 살해당했으며 국민 평의회에 의해 리비아 전역의 해방이 선언되었다.

말리 북부분쟁 Insurgency in the Maghreb • 2012-Present
말리 공화국 북부 지역(아자와드)에서 중앙정부로부터의 독립을 요구하는 투아레그족에 의한 무장 봉기가 발생하였다. 투아레그족은 봉기 후 3개 도시를 점령하고 독립 선언을 발표하였으나 이후 이슬람 원리주의 세력이 투아레그족을 공격하여 독립파가 점령한 지역을 탈환하였다. 국외에서 이슬람 세력이 유입되어 분쟁은 더욱 심화되었으며 프랑스가 말리 정부를 지원하였지만 분쟁은 현재도 진행 중이다.

남 수단 내전 South Sudanese conflict • 2013-Present
2011년 독립 이후 수단 인민해방운동의 파벌 싸움은 어느 정도 진정되었으나 군의 일부가 반란을 일으켜 전투는 여전히 각지에서 계속 되고있다.

시리아 내전 • 2011-Present
아랍 세계에서 일어난 이른바 "아랍의 봄" 관련 현상 중 하나이다.
정부를 비판하는 시위에 대한 치안부대의 폭력 탄압이 심화되면서 반정부 활동 역시 무장을 갖추게 되고 사태는 정부군과 반정부군의 전투로 발전하였다. 반정부군 파벌 간의 전투도 곳곳에서 일어나며 해외 무장 세력도 다수 참가하는 실정으로 반정부군 중 일부에는 알 카에다가 지원하는 움직임도 보인다. 전투에서 화학무기도 사용되어 미국은 정부군이 화학 무기를 사용했다고 판단하여 군사적 움직임을 보였으며 UN에서는 시리아의 화학 무기를 국제 관리하에 폐기시키는 안보리 결의안을 표결하여 시리아는 화학무기 금지협약의 190번째 정식 회원국이 되었다. 내전은 현재에도 계속되고 있으며 사망자는 11만 명을 넘었고 난민은 213만 명 이상에 이르는 것으로 추정되고 있다.

이집트 혁명 Egyptian Revolution • 2011-2013
대통령 퇴진을 요구하는 반정부 시위가 격화되면서 대통령 지지세력과의 충돌이 일어났고 여기서 다수의 사망자가 발생하여 무바라크 대통령이 사임하고 정부는 붕괴되었다. 민주적 절차로 무르시 대통 령이 선출되었지만 2013년 군사 쿠데타에 의해 축출되면서 신 정부 역시 붕괴되었다. 무르시 지지파의 시위를 강제진압하면서 다수의 사상자가 발생했으며 시위대에는 알 카에다 등 과격파도 다수 있었다.

▲착탈식 탄창에는 2발의 슬러그 장탄이 장전되어 있다. 2 3/4 인치 탄과 3 인치 장탄으로 채운 각각의 탄창을 구분하여 사용하였다.

엽총으로서의 칼라시니코프

사이가 소총 & 산탄총

일본 내에도 극소수이긴 하지만 칼라시니코프의 디자인이 반영된 러시아제 사냥용 총기가 존재한다.

Text : Yuta Iwata (월간 암스 매거진 편집장)

◀서 후지 사격장에서 사이가 20GA로 슬러그 사격중인 필자. 클레이 장탄과 슬러그 장탄을 모두 순조롭게 사격할 수 있는 뛰어난 성능의 산탄총이다.

많은 일본인에게는 '칼라시니코프'라는 총은 이름을 들어 본 적이 있어도 그 실체를 손에 넣을 기회는 거의 없을 것이다. 1991년 구 소련 붕괴로 인해 AK 소총을 휴대한 소련군 병사들이 홋카이도에 상륙하여 그 화력을 목격할 가능성은 없어졌다. 그 대신 일본에 온 것은 사냥용 총기로 다시 태어난 칼라시니코프 총기로 "사이가"소총 및 산탕총이다 .

필자가 사이가 소총의 소지 허가를 취득한 것은 2006년의 일이다 (그 다음 년도에 20번 산탄총 소지 허가도 떨어졌다). 홋카이도의 총포점에서 신제품으로 구매하였는데 그 짙은 검은색의 외관은 좋게 말해준다 해도 아름답다고는 말하기 힘든 것이었으며 조잡한 표면 마무리는 좋든 나쁘든 "칼라시니코프 소총" 그 자체였다. 각인을 보아하니 1993년에 제조된 것으로, 그 시기는 러시아의 국내의 경제가 최악이었던 때였다.

그 힘겨웠던 시기를 견뎌야 했던 이즈매쉬 사가 민수 전환과 외화 획득을 목표로 기존의 생산 설비와 노하우를 이용하여 허겁지겁 만들어 낸 것이 눈에 선했다.

마감 처리의 투박함같은 부분은 그러려니 하며 넘어가고 본다면, 수렵에 사용할 엽총으로의 신뢰성은 매우 높은 총기이다.

칼라시니코프 소총과 같은 방식으로 만들어졌을 철제 프레스 리시버는 내구성이 뛰어나 사냥터에서 다소 난폭하게 취급해도 아무런 이상이 없었다. 여기에 3kg을 웃도는 정도 무게의 경량 반자동 소총은 그리 흔치 않을 것이다.

가볍다는 것은 그것 만으로도 엽총으로서 큰 매력이다. 조작성역시 나쁘지 않다. 커다란 조정간과 탄창 멈치는 방한용 장갑을 낀 손으로도 다루기 쉬웠다. 결과적으로 이 총은 겨울 사냥터에서 든든한 아군이 된다. 이 믿음직스러움은 실제로 사냥에서 사용해 보지 않으면 실감하기 어려울 것이다.

사용 탄약인 7.62×39mm탄 (0.30×39mm 탄)은 사이가 소총과 함께 수입된 러시아제 (바날사)의 것을 사용하고 있다.

탄약은 연철을 프레스 성형한 탄피 위에 녹색 락카 도료가 칠해진 독특한 것으로 당연히 사이가 소총과 궁합이 좋다. 지금까지 2500 발 정도 쏘아 왔지만 한번도 장전 불량 등의 기능 고장을 겪어보지 않았다.

사수 위치에서 2~3m 정도 떨어진 곳까지 탄피가 날아갈 정도로 강력한 탄피배출이긴 하지만 사냥터에서는 확실하게 장전되고 탄피를 배출하는 기능이 요구되는 반자동 소총으로서의 안정감이 매우 높다고 할 수 있다.

실제로 사냥감에 대해 쐈을 때 그 위력은 충분하며 그야말로 부족함이 없는 것이었다. 주로 멧돼지 사냥에 사용해 왔는데 치명상을 입힐 수 있는 위치를 다소 빗나가더라도 충분한 살상력을 발휘할 수 있었다.

내가 이 총을 이 정도로 칭찬한다 하더라도 역시 사냥용 총으로서 세련되지 않은 점을 가지고 있기 때문에 브라우닝 BAR와 같이 메이저한 존재가 될 수는 없다. 거친 방아쇠 감각이나 가늠자-가늠쇠 시스템 능은 다른 사냥용 총과 비교하면 확연하게 눈에 들어오는 단점이다. 그럼에도 사이가를 선택하는 데에는 그 모양새를 좋아한다는 주관적인 감각이 중요하다고 생각된다.

불행히도 사이가 사냥용 총과 사이가 산탄총의 일본 내 수입이 끊긴지 10년이 넘어가고 있다. 수입 대리점이 없어진 것 외에도 경제산업성이 수입 허가를 내주지 않는 것이 그 이유이다.

▲2007년 11월 15일 시즈오카 현에서 수렵 중인 필자. 탄창을 장착하지 않으면 돌출부도 적고 나름 날렵한 외관이다. 장착한 도트 사이트는 러시아제 " 코브라 사이트 "인데 수렵 용도로는 그다지 쓸모없는 물건이다. 총구는 풀 초크 (전체 조리개)가 되어 클레이 장탄을 쏘면 좁은 집탄군을 형성하지만, 슬러그탄의 경우에는 사용하는 장탄의 특성에 따라 편차가 있는 집탄성을 보여준다. 이 사이가 20GA는 소지 허가를 갱신하지 않고 2009년에 총포점에 양도되었다. 수렵 용도로는 둘째 치더라도 표적 사격 (사격장) 에서 쓰기 어려운 점이 걸림돌이 되었다.

게다가 도도부현(일본의 지방자치단체 단위) 공안위원회 내에서 소지 허가를 내주지 않는 기종에 지정되는 경우도 있어서 앞으로 사이가 계열 총기가 일본의 사냥터에서 활약할 수있는 기회는 점점 없어질 것이다.

AK47소총 60주년의 추억

Text : Yuta Iwata (월간 암스 매거진 편집장)

내가 미하일 칼라시니코프 옹을 만나뵙는 귀중한 기회를 얻은 것은 2007년 여름이었다.

그해 러시아 연방 우드무르트 공화국의 수도 이제프스크시에서는 AK47 돌격소총이 탄생한 지 60 주년과 이즈매쉬 사 창업 200 주년을 기념하는 행사가 곳곳에서 개최되고 있어 평소에는 무기질의 느낌을 주던 공업 도시조차도 이때 만큼은 활기를 보이고 있었다.

처음 칼라시니코프 옹의 모습을 본 것은 같은 도시에서 개최된 민간용 총기 박람회 "ROST2007"의 전시 회장에서였다.

개막식에 참여하는 칼라시니코프 옹을 태운 자동차 (도요타제 일반 승용차였던 것으로 기억난다)를 가장 먼저 발견한 나는 조수석에서 내린 칼라시니코프 옹에게 말을 거는 동시에 카메라를 돌렸다.

일순간 의아한 표정을 보이긴 했지만 곧 왼쪽 사진과 같은 미소를 보여 주었다. 그리고 카메라의 셔터음을 듣고 몰려든 취재진에 둘러싸여 회장 안쪽으로 사라졌다.그 당시에 88세라는 연세가 믿어지지 않는 정정한 몸가짐에 필자 스스로조차 긴장되는 듯한 느낌이 들었다.

그 후 칼라시니코프 옹과의 인터뷰를 시도하기 위해 현지 코디네이터를 통해 스케줄을 조정하려 했지만 ROST2007에 참가한 후 칼라시니코프 옹의 컨디션이 좋지 않아서 우리는 대기 상태로 며칠을 보내야 했다. 물론 그 사이에도 이즈매쉬 사 공장 방문과 러시아군 특수 부대의 훈련 취재, 박물관 취재 촬영 등 칼라시니코프 총기에 둘러싸인 매일매일을 보냈었다.

일정 상 이제프스크 시를 떠나는 전날이 되어서야 "30 분만" 이라는 조건으로 칼라시니코프 옹의 다차 (별장) 방문이 실현되었다. 그야말로 개인적인 약속이며 칼라시니코프 옹의 손자인 이고르 옹가 간신히 이어준 귀중한 기회였다. 그 당시의 아주 짧은 해후의 간증이 아래의 사진이다. 관절이 굵은 손마디에서 숙련된 직공과 같은 강직함을 느낄 수 있었다.

미하일 칼라시니코프 옹의 명복을 기원합니다.

▲칼라시니코프옹에게는 순간의 만남이었겠지만 내 인생 에서는 잊을 수 없는 귀중한 체험이었다. 기념 메달도 선물받는 등 분수에 넘치는 영광이란 이런 거구나 싶기도 했다. 감동의 여운에 잠길 새도 없이 이제프스크를 뒤로 해야 했다.

AK소총의 발자취

STAFF

Editor in Chief

Yuta Iwata

Associate Editor

Satoshi Matsuo

Editor

Turk Takano
Kunihiko Nakai
Etsuo Morohoshi

Photographer

Hideo Sasagawa
Toru Yokota
Yasunari Akita

미하일 칼라시니코프 추모

AK소총의 발자취

2015년 6월 1일 초판 발행
원작: Hobby Japan
편집: 이 상 언
홍 희 범
인쇄: 색채인
발행:멀티매니아 호비스트
서울시 용산구 문배동 CJ9파크
201동 612호
전화 02-989-5311, 팩스 02-989-5313
번역: 홍 희 범
이 상 언

ISBN 978-89-85578-65-3
정가 17,000원